子どもと一緒に見つける

草花さんぽ図鑑

監修：NPO法人自然観察大学

永岡書店

はじめに

道ばたや駐車場、線路脇、公園など、
ふだん、何気なく歩いている
散歩道のあちこちに
いろんな種類の草花が
たくましく暮らしています。
大人にとって見慣れた草花でも
小さな子どもから見ると、
日々姿を変える彼らは気になる存在です。

ちょっと立ち止まって
じっくり観察してみると
葉っぱに毛が生えていたり、

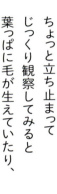

縁《ふち》がギザギザしていたり、
花の色も形もいろいろで、匂いも違う――。
ワクワク・ドキドキ、好奇心を刺激する
自然の不思議が詰まっています。
そんなふうに、草花たちに目を向けると、
毎日の暮らしが楽しく感じられ、
そして豊かになります。

さぁ、本書を片手に
お散歩に出かけてみましょう。
いつもの通り道や街角に、
新しい出合いと発見が待っています。

いつものお散歩で草花を観察しよう

草花が暮らしていそうな場所をのぞきながら、ときにはお散歩コースを変えて、四季折々の草花を見つけましょう。

道ばたで

お散歩や、お買い物、通学など、いつも通る道の端っこに目を向けてみましょう。

線路脇で

砂利と道路の境目あたりに、いろんな草花が顔を出しているので、柵越しに観察してみましょう。フェンスや柵沿いはつる植物にとって格好の生育場所です。

家のまわりで

庭や花壇のある家から飛び出して、野生化した草花がきれいな花を咲かせます。お隣さんとの家のすき間や塀の下ものぞいてみましょう。

いろんな場所で見て触れて 草花との出合いを楽しんで！

水辺で

お日様の恵みを受けやすい堤防や土手も見所です。地面をはって覆《おお》う可憐《かれん》なものから、おなじみの草花まで種類も豊富。河川敷では、背高のっぽの草花たちがぐんと伸びて草むらをつくっています。

空き地や荒れ地で

人の手が入らない場所ならではの自然に近い姿が観察できます。いろいろな草花が同居して、四季折々の景色を見せてくれます。

公園で

芝生《しばふ》の中に背の低い草花が混ざっていたり、生垣《いけがき》に隠れていたり。お散歩の休憩に遊びながら観察を楽しみましょう。

もくじ

※☑見つけた草花をチェックしましょう。

まめ知識｜意外な味がする！

花の蜜が甘〜い →ホトケノザ（P.49）
茎を噛むと酸っぱい →スイバ（P.26）
葉っぱが酸っぱい →カタバミ（P.130）
茎や葉がピリッと辛い →クレソン（P.87）

初夏

まめ知識｜あの匂いにそっくり!?

- ヘクソカズラ（P.139）＝オナラ
- キュウリグサ（P.53）＝キュウリ
- ハナニラ（P.65）＝ニラ
- ノビル（P.105）＝ネギ

まめ知識｜触るとネバネバ～

花粉がネバネバ →コマツヨイグサ（P.133）
実《み》が熟すとネバネバ →カラスウリ（P.135）
花のまわりがネバネバ →ハキダメギク（P.150）

まめ知識 | **100㎝超えの背高のっぽさん**

- オオアレチノギク（P.154）
- ヒメムカシヨモギ（P.155）
- ビロードモウズイカ（P.146）
- オオハンゴンソウ（P.153）
- オオマツヨイグサ（P.134）
- ヨウシュヤマゴボウ（P.121）
- タケニグサ（P.124）
- キクイモ（P.200）
- セイタカアワダチソウ（P.202）

まめ知識｜毒あり注意!

- キツネノカミソリ（P.159）
- ウラシマソウ（P.74）
- ヨウシュヤマゴボウ（P.121）
- イヌホオズキ（P.189）

冬

観察を楽しむための草花入門

まめ知識｜1日だけ咲く花!?

夜開いて朝しぼむ
- カラスウリ（P.135）
- メマツヨイグサ（P.132）
- オシロイバナ（P.188）

半日でしぼむ
- ツユクサ（P.209）

朝咲いて夕方しぼむ
- シャガ（P.67）
- ツユクサ（P.209）
- ニワゼキショウ（P.106）
- アレチヌスビトハギ（P.183）

本書の使い方

身近な場所で見つけやすい季節のかわいい草花をカラー写真で紹介！

本書では、道ばたや空き地、公園など、いつもの散歩コースで出合える草花を196種選び、春から冬までの季節に分け、科名ごとにまとめて掲載しています。また、見た目がよく似た草花を見開きに並べ、見比べられるようにしています。

穂状《すいじょう》に花をつけます。雄花は全体的にやや黄色く（右下）、雌花は鮮やかな赤色に（右上）。

スイバ

● 出合い度 ★★★☆☆

道ばた、土手の斜面など日当たりのいい場所に見られます

［科名］タデ科　［草丈］70cm前後

［花期］4～5月　［花色］薄い緑を含む紅色

春

昔は子どものおやつだった茎をかじると酸っぱい草

茎や葉に酸味があり、茎をポンと折ってかじると酸っぱいことから「スカンポ」とも呼ばれ、ヨーロッパでは野菜として栽培されています。雄株《おかぶ》と雌株《めかぶ》があり、雄花は6個の雄しべがぶら下がった鈴のような形。雌花は赤い房状の雌しべがもじゃもじゃと飛び出した、ボンボンのような形をしています。花が終わるとガクが反り返り実《み》を包みます。

＼楽しみ方／

雄株と雌株ともに、葉の先端が尖って同じように見えますが、草丈は雄株のほうがやや大きくなるようです。

26

関連用語解説

草花の特徴を説明するための、各部位の名称・用語を解説。詳しい花の構造はP.244を参照してください。

【頭花《とうか》】 主にキク科の花で、茎の先に小花がたくさん集まり、一つの大きな花のようになったものをさす。

【小花《しょうか》】 イネ科やキク科などの密集した花をつくる個々の花。

【小穂《しょうすい》】 イネ科の穂をつくっている小さな穂（小花の集まり）。

【小葉《しょうよう》】 複葉をつくっている個々の葉。

【舌状花《ぜつじょうか》】 キク科の小花で花びらが舌状に伸び、1枚の花びらのように見えるもの。

1 サブ写真
花や実などにグッと寄った写真。花びらの色や形、雌しべや雄しべのつき方、実の形などがよくわかります。

2 メイン写真
草花の生育環境と全体像がわかる写真。散歩道から見つけやすいアングルのものを選定しています。

3 草花の名前
国内で使われている一般的な名称です。

4 出合い度
草花の見つけやすさの目安を「出合い度」として、5段階で表しています。色のついた★の数が多いほど出合いやすいという意味です。

5 基本データ
［科名］本書はAPG体系（いま学問的に通用している体系）に基づきました。
［草丈］おおよその大きさを示しています。
［花期］近年の気候や環境などを考慮した目安です。
［花色］一般的に見かける花の色を記しています。
※草丈、花期、花色は、環境によって異なるため、必ずしも記載通りではありません。

6 季節
春、初夏、夏、秋、冬と、草花の季節を色分けしています。

7 説明本文
草花の特徴や名前の由来などをわかりやすく解説しています。

8 楽しみ方
「ここを見て！」「ここを触ってみよう」など、観察の楽しみ方を紹介しています。

注意事項

■花期は、主に関東周辺の平野部を基準とし、近年の気候や環境などを考慮した目安です。
■草丈、花期、花色は、環境によって異なるため、必ずしも記載通りではありません。
■草花の中には食用に利用されているものもあります。食べ方など、一般的な情報を掲載していますが、見分けが必要な草花も多いので、知らない草花には触れず、口に入れる際は十分に注意しましょう。
■「特定外来生物」「要注意外来生物」に指定されている植物は、移動や栽培などが厳しく制限されていますので、十分に注意を。また、「絶滅危惧種」は数が減っている希少な植物です。踏んだり採ったりせずに見守りましょう。

【管状花《かんじょうか》】キク科の小花で、花びらが筒状になっているもの。

【苞《ほう》・苞葉《ほうよう》】葉が変形したもので、つぼみを包み、花の外側に残る葉。

【総苞《そうほう》】頭花のつけ根にあって苞葉が集まった部分。タンポポではよくガクに間違われる。

【のぎ】イネ科の小花の先に伸びる、かたい毛のようなもの。

【ロゼット】地面にはりつくように放射状に葉を広げる、草花の冬越しの形の一つ。

【鱗茎《りんけい》】地下茎《ちかけい》の一種。ごく短い茎に多肉の葉が密になってつくもので、球根と呼ばれるものの多くはこれにあたる。

草花観察で気をつけたいこと

草むらに入るときは長袖、長ズボンで

草花が生い茂る草むらや、林の中には、どんな生き物が暮らしているかわかりません。草の葉っぱやトゲで傷ができたり、かぶれたりすることもあるので、観察時は長袖&長ズボンがおすすめです。

危険な場所、進入禁止エリアには近寄らない

車や自転車が行き交う場所、柵がある場所、また「立ち入り禁止」などの看板がある場所には近寄らないこと。空き地でも柵があるところは入れません。川沿いや河原、土手などは足もとに注意しましょう。

知らない草花は触れない、口に入れない

身近にある草花の中には毒を持つものもあるので、知らない草花は触れたり、口に入れたりしないこと。見分けが必要なものにもよく注意して扱いましょう。

足もとの小さな草花にも注目

お散歩中、大きな草花に目がいきがちですが、足もとには背の低い小さな草花もたくさん生えています。観察に夢中になるとうっかり踏みつけてしまうので、気を配りながら歩きましょう。

花粉症の人は距離感に注意

散歩道には、花粉症の原因となる植物が生えていることがあります。症状が気になる人は近寄らないように注意しましょう。

あると便利な道具

スマートフォン デジカメ

出合った草花の写真を撮って記録しておくと便利です。自宅に戻ってから名前を調べたり、観察マップをつくったり、何かと役立ちます。またズーム撮影すれば、思わぬ発見もあります。

ルーペ（虫めがね）

なるべく用意しましょう。肉眼とは別の世界が広がります。倍率は10倍ぐらいがおすすめです。

春

人間がまだまだ寒さで
ブルッと震える春先から
小さな草花たちが
活発に活動を始めています。
日当たりのいい場所では、
色とりどりの花が咲き乱れ
次々に花の絨毯《じゅうたん》をつくります。

＼見つけよう！／
春を彩る草花たち

まだ寒さが残る陽だまりで、春の訪れを知らせる小さな花が咲き始め、
絨毯《じゅうたん》のようにカラフルに美しく地面を覆《おお》います。

可憐な花に出合えるよ

春を一番に知らせる青い花はオオイヌノフグリ（P.51）。触るとぽろっと落ちる繊細な花が可憐です。チョウチョみたいな花をつけているのはカラスノエンドウ（P.42）。花のあとにサヤエンドウみたいな実《み》をつけます。

足もとに目をやると黄色い花があちこちに

春の人気者、タンポポ（P.55 ～）です。種類が豊富で、主にセイヨウタンポポ、カントウタンポポ、カンサイタンポポ、エゾタンポポ、シロバナタンポポに出合えます。花のあとはふわふわの綿帽子に！

春到来を知らせる菜の花の仲間も花盛り

セイヨウアブラナ（P.37）が群生する菜の花畑は春の風物詩。花に誘われてミツバチやチョウチョの姿も。おなじみのぺんぺん草、ナズナ（P.34）とタネツケバナ（P.32）も、花は白いけど菜の花の仲間たちです。

春を代表する個性派を探してみよう!

春先にニョキニョキ顔を出すのはツクシ。そのあと同じ場所にスギナ（P.25）が芽を出し、グリーンの絨毯をつくります。小さな赤い実はヘビイチゴ(P.39)。実《み》の前は黄色い花を咲かせます。

シロイヌナズナ

道ばた、畑の周辺、草地などを探すと出合えます

●出合い度 ★★★☆☆

［科名］アブラナ科　［草丈］10～30cm

［花期］周年　［花色］白色

花は直径5mmほどの十字形。雌しべは1本、長さの異なる6本の雄しべがついています。

春

植物の研究分野では実験材料として大活躍

ユーラシア大陸から北アフリカ大陸原産の越年草《えつねんそう》です。地面に放射状に葉を広げ、春になるとひょろひょろとした茎を直立させて花を咲かせます。名前にナズナとつきますが、食べられません。素朴なぺんぺん草《ぐさ》の仲間ですが、2000年頃に植物として、世界で初めて全ゲノムの完全解読が完了したことにより、広く知られるようになりました。

＼楽しみ方／

発芽から種《たね》をつけるまで1～2カ月とあっという間。花のあと、約1.5cmの細長い棒の形をした実《み》を斜めにつけます。

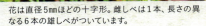

ハコベ

●出合い度★★★★☆

道ばた、畑の周辺、草地などに多く生えています

［科名］ナデシコ科　［草丈］10〜30㎝

［花期］周年　［花色］白色

茎の上に5枚の花びらを持つ小さな花を次々に咲かせ、種《たね》をつくって晩秋まで生育します。

春の七草の一つ 花びらはウサギの耳のよう

一般にコハコベとミドリハコベを総称してハコベと呼びます。ミドリハコベは踏まれるところではあまり見かけませんが、コハコベは踏まれてもやや強く、畑の中でも育ちます。葉は明るい緑色で、小鳥やウサギの餌にすることも。もじゃもじゃと密集するように生え、可憐な花を咲かせ、ミドリハコベは、春の七草の一つとして親しまれています。

楽しみ方

花びらが10枚に見えますが、じつはウサギの耳のように深く切れ込んだ花びらが、5枚集まっています。

ノボロギク

●出合い度 ★★★★☆

繁殖力が旺盛で、道ばたのいたるところに生えています

［科名］キク科　［草丈］5～30cm
［花期］周年　［花色］黄色

黄色い花とふわふわの白い綿毛を持つ実《み》が混じっています。

春

花が咲いたあとにつける白い綿毛がかわいい草花

明治初期に渡来したヨーロッパ原産の1年草または越年草《えつねんそう》。花の盛りは春から夏ですが、暑さや寒さに強いため、温暖な地域では1年を通して花を咲かせます。名前は、山間部に生えるボロギクに対し、野に生えることからつけられました。不規則な切れ込みのある細長い葉が特徴で、花のあとに白い綿毛をつけます。アスファルトのすき間からも生えるたくましい草花です。

＼楽しみ方／

先がすぼまった筒形の花がユニークです。横から見ると、黒い三角の模様があるのがわかります。

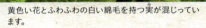

オニタビラコ

●出合い度 ★★★☆☆

畑の周辺、草地、市街地などで黄色い花を咲かせます

［科名］キク科　［草丈］20～100㎝

［花期］周年　［花色］黄色

葉は地面近くにまとまり、茎の先が分かれて直径7~8㎜のタンポポに似た花を咲かせます。

名前の「オニ＝鬼」じゃないやさしい表情の可憐な野の花

「タビラコ」は、田んぼなどで地面に葉を平たく広げて生える姿から漢字で「田平子《たびらこ》」。「オニ」は「大きい」という意味で、タビラコとつく仲間の中で草丈が一番高くなり、太い茎を一本立ちさせて、小さな黄色い花を咲かせる1年草または越年草《えつねんそう》です。春の七草の一つで「ホトケノザ」と呼ばれるコオニタビラコ（P.59）は近縁にあたり、そちらは食用としてもおなじみです。

＼楽しみ方／

茎や葉が緑色のオニタビラコと、赤みのあるオニタビラコがあります。色の違いを観察しましょう。

花の穂は直径1cm程度。長期間にわたって花をつけます。葉にはV字模様が入っています。

ヒメツルソバ

●出合い度 ★★★☆☆

道ばた、公園、アスファルトのすき間などに多く見られます

［科名］タデ科　［草丈］20～50cm
［花期］3～11月　［花色］ピンク色

春

道ばたで年中開花する金平糖《こんぺいとう》のようなかわいい花

ピンクの愛らしい花が魅力のヒマラヤ地方原産の多年草《たねんそう》。ガーデニングでおなじみですが、強い繁殖力から外に逃げ出し、道ばたなどで野生化しています。葉は茶色のV字模様が入った卵形。茎は地面をはって横に伸び、1株で50cm以上も広がるため、花壇や通路のすき間を埋める植物として利用されることも。花期になると各節《ふし》から茎を立ち上げ、次々に花を咲かせます。

＼楽しみ方／

金平糖のような形の穂に、顔を近づけてよ～く見てみると、小さな花が密集しているのがわかります。

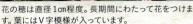

スギナ

●出合い度 ★★★★☆

畑の周辺や道ばたなど、ツクシのあとから生えてきます

［科名］トクサ科　［草丈］10㎝前後

［花期］3月　［花色］なし

ツクシが枯れたあとに顔を出し、棒状の葉で光合成を行って春から初夏にかけて成長します。

ツクシが枯れたあとに生える杉の葉に似た「生きた化石」

スギナとツクシは地下茎《ちかけい》でつながる同じ植物です。スギナは栄養をつくって地下の茎を伸ばし、ぐんぐん繁茂する栄養茎《えいようけい》。ツクシは繁殖のために胞子を飛ばす胞子茎《ほうしけい》です。名前の由来は、杉の樹の葉に似た姿形だから。約3億年前から高さ数十mにもなる祖先が地球上に生えていたとされ、当時からその構造があまり変わっていないことから「生きた化石」とも呼ばれています。

楽しみ方

地面から生える姿が杉の葉にそっくりですが、触ると柔らかい感触をしています。ツクシは佃煮《つくだに》などにして食べられます。

スイバ

●出合い度 ★★★☆☆

道ばた、土手の斜面など日当たりのいい場所に見られます

［科名］タデ科　［草丈］70㎝前後

［花期］4〜5月　［花色］薄い緑を含む紅色

穂状《すいじょう》に花をつけます。雄花は全体的にやや黄色く（右下）、雌花は鮮やかな赤色に（右上）。

春

昔は子どものおやつだった茎をかじると酸っぱい草

茎や葉に酸味があり、茎をポンと折ってかじると酸っぱいことから「スカンポ」とも呼ばれ、ヨーロッパでは野菜として栽培されています。雄株《おかぶ》と雌株《めかぶ》があり、雄花は6個の雄しべがぶら下がった鈴のような形。雌花は赤い房状の雌しべがもじゃもじゃと飛び出した、ボンボンのような形をしています。花が終わるとガクが反り返り実《み》を包みます。

＼楽しみ方／

雄株と雌株ともに、葉の先端が尖って同じように見えますが、草丈は雄株のほうがやや大きくなるようです。

ウシハコベ

●出合い度 ★★★☆☆

日当たりのいい道ばた、畑の脇などに群生しています

［科名］ナデシコ科　［草丈］20㎝前後
［花期］4〜8月　［花色］白色

ハコベと同じく、深く切れ込みの入った花びらが5枚ついた白い小さな花を咲かせます。

白いウサギの耳のような花びらを持つハコベの仲間

　春の七草の一つに数えられるハコベ（P.21）の仲間。ハコベと比べると、葉や花がひと回りほど大きいことから、大型動物の名前を用いて「ウシ」とつけられました。花びらはハコベと同じ5枚ですが、雌しべの先が3本に分かれているハコベに対して、ウシハコベは5本に分かれています。食べることもでき、青くさい独特な匂いと、シャキシャキとした食感が特徴です。

楽しみ方

ハコベと比べて葉が少しちぢれ気味。花はウサギの耳のような5枚の花びらがつき、こちらもハコベより少し大きめです。

ハコベより花びらが細く長く、細い茎が枝分かれして地面に広がるように生えます。

ノミノフスマ

●出合い度 ★★★☆☆

道ばた、畑の脇、田んぼなどのジメジメした場所を好みます

［科名］ナデシコ科　［草丈］10～30cm
［花期］3～9月　［花色］白色

春

蚤《のみ》の布団《ふとん》に例えられた小さな葉を持つ白い花

「ノミ」とは小さいという意味を表し、「フスマ」は寝具の布団が由来。2枚の小さな葉が茎の上のほうで向かい合ってついている様子から、「小さな蚤が入って眠れそう」と、蚤の寝具に例えて名前がつけられたようです。ハコベ(P.21)の仲間で、ウサギの耳のようなかわいい花びらを持ち、群生すると緑色の絨毯《じゅうたん》に白い小さな花が咲く、春らしい景色を楽しませてくれます。

＼楽しみ方／

花びらは10枚あるように見えますが、5枚が正解。花の中心部分まで深い切れ込みが入っています。

ノミノツヅリ

●**出合い度** ★★★★☆

道ばた、畑の脇、街中の空き地などにひっそり生えています

［科名］**ナデシコ科**　［草丈］**10～30㎝**

［花期］**3～6月**　［花色］**白色**

花のサイズは直径5㎜ほど。5枚の小さな花びらの間からガクが長く伸びています。

蚤《のみ》が着る衣服に見立てた2対の細かい葉に注目！

「ツヅリ」は、つづり合わせた着物、つぎはぎの衣などの意味。細い茎に丸みのある数ミリサイズの小さな葉が2枚ずつ向かい合っていて、その細かい葉が集まる様子を、「蚤が着る粗末な衣服」に見立てて名前がつけられたといわれています。葉が小さいので植物が密集した場所では育ちにくく、道路のすき間やほかの植物があまり生えていない道ばたなどで出合えます。

＼楽しみ方／

葉は丸みのある卵形をしています。葉の全体に短い毛が生えているので、手で触って毛の感触を確かめてみましょう。

茎の先に直径約8㎜の小さな花が数個つきます。花びらはガクより少し短く、先端が裂けています。

オランダミミナグサ

●出合い度 ★★★★☆

繁殖力が旺盛で、畑や空き地などによく見られます

［科名］ナデシコ科　［草丈］15～20㎝
［花期］3～5月　［花色］白色

葉の形をよく見てみるとネズミの耳に似ている

日本在来のミミナグサの仲間で、ヨーロッパ原産の1年草または越年草《えつねんそう》です。葉の形がネズミの耳に似ていることから「ミミナグサ」と名づけられたようです。白い小さな花はハコベ（P.21）の仲間によく間違えられますが、花びらの先に浅い切れ込みが入っているのと、草全体が粘り気のある毛で覆《おお》われているのが見分けるポイントです。花は晴れた日中に短時間だけ開きます。

楽しみ方

葉にうぶ毛のような毛が密集して生えています。触るとふっくらと厚みがあり、耳たぶのような感触です。

ツメクサ

●出合い度 ★★★★☆

道ばた、畑の周辺などの湿った場所を好みます

［科名］ナデシコ科　［草丈］10～20㎝

［花期］3～7月　［花色］白色

花は直径約4㎜。花を支える茎の部分やガクに毛が生え、触るとやや粘つきがあります。

葉の形は鳥の鋭い爪のようだがかわいい花を咲かす1年草

先の尖った細長い葉が、ワシやタカなどの鳥の爪に似ていることから「ツメクサ」と呼ばれるように。同じツメクサとつくシロツメクサ（P.90）とはまったくの別ものです。茎がよく枝分かれし、上部の葉の脇に一つずつ小さな花をつけます。本来の草丈は10～20㎝ですが、歩道のブロックのすき間などから、1㎝にも満たない草丈で生えているがんばり屋さんも観察できます。

＼楽しみ方／

針のような尖った葉に対して、花は可憐で美しいです。5枚の花びらとガクが交互に並ぶ愛らしい表情を観察しましょう。

タネツケバナ

●出合い度 ★★★★☆

水田や川べりなどの水辺に多く見られます

［科名］アブラナ科　［草丈］20cm前後

［花期］2～5月　［花色］白色

花はナズナよりもやや大きめの直径約3～4mm。花びらが4枚の十字形です。

春

葉や茎はピリッと辛い！ サラダや和え物にも

イネの種もみを水につけて稲作の準備を行う時期に咲く、春を告げる草花で、田んぼなどの水べりに一斉に咲くことから、「種《たね》漬《つけ》花《ばな》」と呼ばれるようになったといわれています。ナズナ（P.34）に似ていますが、ナズナは実《み》の形が三角形で、タネツケバナは長さ約2cmの細長い円柱状をした実《み》の中に種《たね》が1列で並んでいます。葉や茎に辛みがあり、食用に用いられることも。

＼楽しみ方／

実《み》が熟すと皮（サヤ）が急に巻き上がり、種《たね》を弾き飛ばします。その時期の実《み》を探してみましょう。

ミチタネツケバナ

●出合い度 ★★★★☆

道ばた、畑、空き地など街中にも増えています

［科名］アブラナ科　［草丈］20㎝前後

［花期］2〜4月　［花色］白色

花は4枚の花びらがついた十字形。葉はタネツケバナよりも丸みのある形をしています。

タネツケバナの仲間で乾燥を好む都会派の草花

1970年代に日本に渡来した、ヨーロッパ原産の1年草または越年草《えつねんそう》です。タネツケバナの仲間ですが、こちらは水辺などの湿った場所よりもやや乾燥した場所を好み、街中でもよく見かけられます。花の雄しべは4本で、タネツケバナより2本少なく、実《み》は茎に沿って直立するように上を向いています。花が咲く時期にも地面にはりついた葉が放射状に残ります。

春

＼楽しみ方／

花が終わると約2㎝の細長い円柱状の実《み》をつけ、タネツケバナと同じく、熟すと皮(サヤ)が急に巻き上がり種《たね》を飛ばします。

ナズナ

●出合い度 ★★★★☆

田畑の中や周辺、空き地、道ばたなどに多く見られます

［科名］アブラナ科　［草丈］20～40cm

［花期］2～5月　［花色］白色

茎の先のほうに小さな花が密集。
花びらが4枚並んだ直径約3㎜の十字形の花を咲かせます。

春

「ぺんぺん草《ぐさ》」と呼ばれる愛らしい春の七草

春の七草の一つ。三角形の実《み》（写真右下）が三味線のバチに似ていることから、三味線の音色にちなんで「ぺんぺん草」と呼ばれています。地面に葉を放射状に広げて冬を越し、春になると中心から茎を伸ばして、4枚の花びらを持つ十字形の花を咲かせます。地面近くに広がる葉は食用として楽しむこともでき、寒さに耐えた葉ほど甘みが増しておいしいそうです。

楽しみ方

茎につく三角形の実《み》を、一つずつ下に引っ張って振ると、シャラシャラとマラカスのような音が鳴ります（P.239参照）。

ショカッサイ

●出合い度 ★★★☆☆

日当たりのいい場所を好むが、日陰でも繁殖しています

［科名］アブラナ科　［草丈］30～60㎝

［花期］3～5月　［花色］青紫色

花は直径約3㎝。青紫色の花びらの中心に、黄色い雄しべのついた美しい姿を見せます。

たくさんの愛称を持つ江戸時代からの人気者

鮮やかな青紫色の花を咲かせる中国原産の越年草《えつねんそう》です。日本では江戸時代から観賞用に栽培されましたが、こぼれた種《たね》から繁殖し、現在は各地で野生化しています。オオアラセイトウ、ムラサキハナナ、シキンソウ、ハナダイコンなど、たくさんの別名があり、まれに白い花を咲かせるものもあります。葉は薄くて柔らかく、若葉は食用に向いています。

春

楽しみ方

花が咲き終わると、7～10㎝もある枝のように長い実《み》をつけます。種《たね》をたくさん蓄え、熟すと弾けます。

カラシナ

●出合い度 ★★★★☆

堤防沿いや空き地などに増えています

［科名］アブラナ科　［草丈］60～90cm

［花期］4～5月　［花色］黄色

花は直径約1cm。4枚の花びらをつけた十字形の花を咲かせます。葉の基部《きぶ》は茎を抱きません。

ピリッと辛みのある葉が春の旬野菜として人気

日本で古くから野菜として栽培されてきた、中央アジア原産の1年草または越年草《えつねんそう》です。羽状《うじょう》に深い切れ込みのある大きな葉は食べられ、種《たね》からはからしがつくられています。空き地や堤防沿いに生えているものには、アブラナとクロガラシが自然交雑《こうざつ》して野生化したカラシナが混ざっている場合も。このカラシナの葉も漬物にするとおいしいです。

＼楽しみ方／

金沢の伝統野菜としても知られ、「からし菜漬け」が有名。葉を炒め物や和え物などにしても楽しめます。

セイヨウアブラナ

●出合い度 ★★★★☆

堤防沿いや空き地などで野生化し、群生しています

［科名］アブラナ科　［草丈］60～100cm

［花期］4～5月　［花色］黄色

長さ1～1.6cmの花びらが十字形に4枚並び、中心に雌しべが1本、雄しべが6本あります。

昔から油づくりに大活躍！黄色い菜の花の代表格

カラシナに似た「菜の花」の代表格。カラシナは葉の基部《きぶ》が茎を抱いていませんが、セイヨウアブラナは基部が丸みを帯びて茎を抱いています(写真左下)。明治時代に種《たね》から油を採るために栽培され始めましたが、現在は各地で野生化し、群生しています。茎がすっと直立して枝分かれし、黄色い小さな花をこんもりとつけ、茎や葉は粉がうっすらふいたように白っぽくなります。

楽しみ方

花を嗅ぐと独特の甘い香りがします。この香りと花粉を求めて寄ってくる、昆虫たちも観察できます。

イヌガラシ

●出合い度 ★★★☆☆

田畑の周辺、空き地などに多く見られます

［科名］アブラナ科　［草丈］30cm前後

［花期］4～6月　［花色］黄色

花の直径は5～7mm程度。アブラナ科特有の十字形で、小さな花が密集してつきます。

名前の「イヌ＝否《いな》」の意味 カラシナと間違えないで！

カラシナ（P.36）を小さくしたような姿で、花や葉の雰囲気が似ていますが、カラシナとは別の越年草《えつねんそう》または多年草《たねんそう》です。そのため、名前につく「イヌ」は動物の犬ではなく、似てはいるが異なるという意味の〝否〟が転訛したものといわれています。葉は濃い緑色、茎は濃い紫色を帯びていて、育つ場所の環境によっては花を咲かせずに終わってしまう株もあります。

＼楽しみ方／

実《み》は棒状ですが、長さが1～2cmと小さめです。熟すと2つに割れて、赤茶色の種《たね》が顔を出します。

ヘビイチゴ

●出合い度 ★★☆☆☆

空き地、草地などの湿った場所に見られます

［科名］バラ科　［草丈］5㎝前後

［花期］4～6月　［花色］黄色

地面にはうように茎を伸ばして広がり、直径1.5㎝ほどの黄色い花を咲かせる多年草《たねんそう》です。

黄色い花のあとにできる赤い実《み》は食べるとマズイ…

黄色い花が咲いたあとに赤い実《み》をつけますが、かわいい見た目に反して味がなく、食べてもおいしくありません。そのため、「ヘビなら食べるだろう」、「ヘビがいそうな場所に生えている」というイメージからこの名前がつけられました。日陰を好んで生えるヤブヘビイチゴと実《み》が似ていますが、そちらは実《み》が大きくツヤツヤと光沢があり、ヘビイチゴは光沢がないのが特徴です。

＼楽しみ方／

赤くて丸い実《み》には小さな突起がたくさんついています。表面を指で触って、プツプツとした感触を確かめましょう。

ムラサキケマン

●出合い度 ★★☆☆☆

道ばた、林の道沿いなどのやや暗い場所に生えています

［科名］ケシ科　［草丈］30～50cm
［花期］3～5月　［花色］紫色

花は長さ1.2～1.8cmの筒形。茎に沿ってやや下向き、または横向きにつき、実《み》も下向きに。

紫色をした美しい花の姿が仏殿《ぶつでん》に輝く装飾のよう

平野から山麓《さんろく》まで、日本各地でごくふつうに見られる2年草。別名「ヤブケマン」とも。紫色の美しい花ですが、全草に有毒成分を含むため、葉や茎をちぎったり、傷つけると悪臭がします。実《み》は茎に沿って下向きにつき、熟すと勢いよく弾けて種《たね》を飛ばします。この種《たね》にアリの大好きな物質がついていて、種《たね》を運んだアリによって意外な場所で発芽することもあります。

＼楽しみ方／

花の後ろに蜜を蓄えた袋状の部分（距《きょ》）が突き出ています。そこに昆虫が入って蜜を吸い、花粉をつけて運びます。

コメツブツメクサ

●出合い度 ★★★☆☆

日当たりのいい空き地、草地などで出合えます

［科名］マメ科　［草丈］20～40cm

［花期］4～7月　［花色］黄色

長さ3mmほどの小さな花が密集し、直径7mmほどの球状に。茎や葉には毛が生えています。

小さな黄色い球の正体は米粒サイズの花の集合体

小さな黄色い花を咲かせるシロツメクサ（P.90）の仲間です。茎の先に咲く丸い形の花をよく見ると、5～20個ほどの米粒のような花が集まっていることから、この名前がつけられたようです。花が終わったあとも花びらを散らすことなく、花びらの奥で小さな実《み》を育てます。繁殖力が旺盛で地面に枝を伸ばし、黄色と緑色の絨毯《じゅうたん》を敷いたような景色を楽しませてくれます。

楽しみ方

花が咲き終わって茶色くなったら中の実《み》が熟した合図（写真左下）。花びらをめくると実《み》がついている様子が見られます。

カラスノエンドウ

●出合い度 ★★★★☆

道ばた、田畑の周辺、土手などに広く生えています

［科名］マメ科　［草丈］50〜90cm

［花期］4〜6月　［花色］赤紫色

葉のつけ根にチョウチョのような形をした2個の赤紫色の花を咲かせ、右のような実《み》になります。

春

巻きひげを仲間に絡ませて体を支えるがんばり屋さん

野に咲くマメ科の仲間。葉のつけ根にある托葉《たくよう》と呼ばれる小さい葉に、蜜を分泌する器官があり、この甘い蜜をほかの虫に取られたくないアリの働きによって、害虫から守られています。体を支えきれないほど茎が細くて柔らかいため、葉先が巻きひげになり、周囲の植物に絡ませながら立ち上がっています。また、矢《や》筈状《はずじょう》の葉の形からヤハズエンドウとも呼ばれます。

＼楽しみ方／

実《み》が黒く熟して裂けると10個ほどの種《たね》が採れます。熟す前に種《たね》を抜き、笛にして遊ぶことができます(P.238参照)。

スズメノエンドウ

●出合い度 ★★☆☆☆

道ばた、田畑の周辺、土手などを探してみましょう

［科名］マメ科　［草丈］20～90㎝
［花期］4～6月　［花色］白紫色

葉の脇から長い柄を出し、チョウチョの形をした白紫色の小さな花を3~7個咲かせます。

カラスノエンドウよりも小さいから「スズメ」という名に

カラスノエンドウの仲間ですが、こちらは全体的にひと回り以上も小さいことから「スズメ」とつけられました。花もわずか3～4㎜と極小サイズで、白みがかった淡い紫色をしています。カラスノエンドウと同じように茎が細くて柔らかいため、葉先から伸びる巻きひげを周囲の植物に絡ませながら、草むらなどに群生しています。繊細で可憐な姿が印象的です。

＼楽しみ方／

ぷっくりとふくらんだサヤ（写真左下）の中に種《たね》が2個。カラスノエンドウと同じく、熟すと黒くなって裂けます。

カスマグサ

●出合い度 ★★☆☆☆

道ばた、田畑の周辺、土手などに多く見られます

［科名］マメ科　［草丈］20～90cm

［花期］4～5月　［花色］淡い紅紫色

葉の脇から柄を出し、その先に長さ5㎜ほどの花を2個咲かせて右のような実《み》になります。

名前の「カスマ」はカラスとスズメの中間の大きさが由来

カラスノエンドウ（P.42）とスズメノエンドウ（P.43）の中間くらいの形と大きさをした越年草《えつねんそう》。カラスとスズメの間《ま》から「カス間」とし、この名前がつけられたようです。こちらも茎が細くて柔らかいため、葉先から巻きひげを伸ばし、隣の草花に絡ませて体を支えています。刃の鞘《さや》の形をした実《み》の中に4～5個の種《たね》をつくり、黒くなって熟すとよじれて種《たね》を飛ばします。

楽しみ方

花は白みがかった淡い紅紫色ですが、光に透かしてみると濃い紅紫色の筋《すじ》が入っているのがよくわかります。

オヤブジラミ

●出合い度 ★★★☆☆

道ばた、野原、やぶなどの湿った場所に群生しています

［科名］セリ科　［草丈］50㎝前後
［花期］4～5月　［花色］白色

毛に覆われた房の先に、直径約2㎜の花を咲かせます。花びらは5枚、紫の縁《ふち》が特徴です。

トゲトゲの実《み》は衣服につきやすい〝ひっつき虫〟

やや湿った日陰に、茂みをつくるように群生する越年草《えつねんそう》です。茎や葉はやや赤みがかっていて、花はニンジンの花の形に似た白色です。花のサイズが小さいので、熟すと赤みが強くなる実《み》のほうがよく目立ちます。実《み》は長さ5㎜くらいのだ円形（写真左下）。先がかぎ爪状のトゲでびっしりと覆《おお》われているため、衣服にくっつきやすく、一度ついたら取り除くのに苦労します。

＼楽しみ方／

ルーペで実《み》の表面のトゲの形と構造を観察してみましょう。衣服にくっつく理由がよくわかります。

ヒメオドリコソウ

●出合い度 ★★★★★

道ばた、田畑の周辺、空き地などで出合えます

［科名］シソ科　［草丈］20〜30cm

［花期］3〜5月　［花色］紅紫色

上部の葉の間に長さ1cmほどの唇形の花を密につけます。全体が毛で覆《おお》われています。

唇形の花と三角形の葉の重なる姿がとてもキュート！

明治時代に渡来した越年草《えつねんそう》。オドリコソウよりもひと回り以上も小さく、唇の形をした花と、先の尖った三角形の葉が特徴です。茎の上のほうにいくにつれ、赤紫がかった色をしていて、根ぎわから多く分かれた茎に沿って葉が重なり合うようにつき、その間から紅紫色の花が顔をのぞかせます。種《たね》にアリが大好きな甘くて柔らかい付着物がついていて、アリに運ばせて繁殖します。

楽しみ方

唇の形をした花には模様が入っています。また、上唇《じょうしん》の上面の毛が長く、触るとふさふさしているのがわかります。

オドリコソウ

●出合い度★★☆☆☆

道ばた、林の縁《ふち》など半日陰の場所に見られます

［科名］シソ科　［草丈］40㎝前後

［花期］4〜5月　［花色］白色、淡いピンク色

長さ3〜4㎝の唇形の花が咲く多年草。上唇《じょうしん》の上部が大きく湾曲していて、白い毛で覆《おお》われています。

踊り子たちが輪になって踊っているような姿の花

漢字で書くと「踊り子草」。その名前のとおり、葉のつけ根に茎をぐるりと囲むように咲く花が、花笠《はながさ》をかぶった踊り子が踊っている姿に見立てられました。地下茎《ちかけい》を伸ばして増える多年草《たねんそう》で、茎は枝分かれせずに直立し、シソに似た葉は細かいシワが目立ちます。花は上部に2〜3段にわたって8〜9個並んだ輪状でつき、深く切れ込みの入った鋭いガクに支えられています。

楽しみ方

花を真横から、上からと角度を変えて観察すると、花笠をかぶった女性が踊るような姿を連想できます。

花は長さ1.5~2.5cmの唇形。下唇《かしん》は真ん中が大きく突き出ていて、内側には毛があります。

春

カキドオシ

●出合い度 ★★★☆☆

道ばた、田畑の周辺、空き地の湿った場所に群生しています

［科名］シソ科　［草丈］10～20cm

［花期］4～5月　［花色］淡い紫色

花が咲き終わるとつるを伸ばし地面を勢いよく覆《おお》う繁茂力

花が咲き終わると茎がつる状になって横に倒れ、垣根を通り抜ける勢いで伸びるため、「垣通《かきどお》し」の名前がつけられました。茎は赤紫色で、初めは直立して上に伸び、ギザギザの葉のつけ根に2～3個の花をつけ、一斉に咲く景色は見事です。その後、地面を覆うように広がるため、厄介《やっかい》な雑草として扱われることもありますが、俳句では春の季語として詠《よ》まれています。

＼楽しみ方／

薬草としても用いられています。葉や茎は薬のような清涼感のある匂いがするので、手で揉んで嗅いでみましょう。

花は長さ2㎝ほどの細長い唇形。全体が毛で覆《おお》われていて、垂れた下唇《かしん》が印象的。秋に芽生えて咲くことも。

ホトケノザ

●出合い度 ★★★★☆

道ばた、田畑の周辺、空き地など身近な場所に見られます

［科名］シソ科　［草丈］10～30㎝
［花期］3～5月　［花色］紅紫色

ハチを誘う工夫がいっぱい！蜜の甘みを楽しめる野の花

円形状の葉が、仏様を安置する蓮座《れんざ》に似ていることから「仏《ほとけ》の座《ざ》」と名づけられたといわれる、オドリコソウ(P.47)の仲間です。葉の間から唇形をした花を咲かせますが、下の花びらにある模様でハチに蜜の場所を教え、上の花びらの線で花の奥へと誘導するなど、蜜を与えて花粉を運んでもらう工夫も。春の七草のホトケノザとは別もので、食べてもおいしくありません。

楽しみ方

種《たね》にアリの大好きな付着物がついています。また、花を抜いて下の部分をチュウチュウ吸うと、口の中に甘みが広がります。

キランソウ

●出合い度 ★★☆☆☆

野原のほか、道ばたや公園の木陰などでも出合えます

［科名］シソ科　［草丈］6cm

［花期］3〜5月　［花色］青紫色

花は長さ1cmほどの唇形をした色鮮やかな青紫色。下の花びらが3つに切れています。

地面にへばりつく姿から「地獄の釜の蓋《ふた》」という異名が

青紫色のかわいらしい花とは結びつかない、「ジゴクノカマノフタ」という異名を持ちます。地面にべったりとはりつく様子を見立てたのが由来のようですが、その一方で薬効があるため、地獄へ行く道に蓋をして傷を治し、蘇《よみがえ》らせるという意味もあるとか。そのため「医者殺し」と呼ばれることもあります。全体に長めの毛が生えていて、触れるとざらざらします。

楽しみ方

花は上の花びらが極端に短く、雄しべ4本と雌しべ1本が突き出ています。雄しべの2本は短い構造をしています。

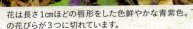

花は直径1㎝弱。4枚の花びらは上部が大きめで、日が当たっているときだけ開きます。

オオイヌノフグリ

●出合い度 ★★★★★

道ばた、田畑の周辺、空き地などに広く群生しています

［科名］オオバコ科　［草丈］20㎝

［花期］2〜5月　［花色］淡い紫色

触ればポロリと落ちる野原でおなじみの繊細な花

明治初期に帰化《きか》した越年草《えつねんそう》で、実《み》がぷっくりとふくれる様子が（写真左下）犬の陰嚢《いんのう》（＝ふぐり）に似ていることから、この名前がつけられました。冬の前に伸びて花を咲かせることもありますが、淡い紫色をした花が一面に咲く景色は、春の風物詩となっています。受粉した途端に散ってしまうほど花の命は短く、手で触れるだけでポロリと落ちてしまう繊細な花です。

楽しみ方

花びらをよく見ると、細い縦の線が入っています。蜜を蓄えていることを、ハチに知らせているのかもしれません。

フラサバソウ

●出合い度 ★★★☆☆

道ばた、林、空き地などにひっそり咲いています

［科名］オオバコ科　［草丈］5〜10㎝

［花期］3〜4月　［花色］淡い青紫色

花は4つに裂けた花びらと4枚のガクが互い違いに並んでいます。花のあと、右のような実《み》になります。

春

おしゃれなネーミングは植物研究家の名前が由来

ヨーロッパ原産の越年草《えつねんそう》です。名前は、江戸時代の終わり頃に日本で植物研究をしていたフランス人の名からつけられました。全体の雰囲気はオオイヌノフグリ（P.51）にそっくりですが、花は直径2〜2.5㎜と小さく控えめで、茎や葉には白い毛がふさふさと生えています。全体になよなよした印象で、茎は細くて上には伸びず、地をはうように広がっていきます。

＼楽しみ方／

花のあとにできる実《み》は丸っこく、4筋《すじ》のくびれが見られます。中に3〜4個の種《たね》が入っています。

キュウリグサ

●出合い度 ★★★★☆

道ばた、畑の周辺、空き地など身近な場所で出合えます

［科名］ムラサキ科　［草丈］10～30cm
［花期］3～5月　［花色］淡い青色

斜めに立つ茎の先に、花びらが5つに分かれた直径2～3mmの小さな花を咲かせます。

春

葉を揉むとキュウリに似たみずみずしい匂いがする

葉を揉んで嗅ぐと野菜のキュウリのような匂いがする越年草《えつねんそう》です。別名で「タビラコ」と呼ばれていましたが、同じ愛称を持つコオニタビラコ（P.59）とは仲間ではありません。冬は葉を密集させ、地面に放射状になって過ごし、春に細長い茎を出して花をつけます。サソリのしっぽのようにくるくると巻いた穂先に花がつき、咲き進むにつれてまっすぐに伸びていきます。

＼楽しみ方／

小さな花をルーペで拡大すると、花びらの縁《ふち》が淡い青色、中心が黄色の美しい色彩が確認できます。

キキョウソウ

●出合い度 ★★★★☆

日当たりのいい道ばた、空き地などに増えています

［科名］キキョウ科　［草丈］20〜60㎝
［花期］5〜6月　［花色］鮮やかな紫色

花は茎の上のほうに集中。葉の脇から直径1.5㎝ほどの星形の花を咲かせます。

春

細長い茎に花と葉が段々につきキキョウに似た花を咲かせる

昭和中期に渡来した、北アメリカ原産の1年草。長く伸びた茎に花と葉が段々につく様子から、「ダンダンギキョウ」とも呼ばれています。つぼみの期間が長いのが特徴で、つぼみをつけたら、その中で自分の花粉を雌しべにつけて受粉し、そのあとにゆっくりと花を咲かせます。これは、虫に頼らずに種《たね》を確実に残して繁殖するための工夫といわれています。

＼楽しみ方／

花のあと、茎と葉のつけ根に細長い形の実《み》をつけます。熟すとめくれ上がって小さな窓ができ、種《たね》がこぼれ落ちます。

舌状花がたくさん集まって1つの花を咲かせています。
春に多く咲きますが、ほとんど1年中見られます。

セイヨウタンポポ

●出合い度 ★★★★★

日当たりのいい道ばた、空き地や草むらなどで出合えます

［科名］キク科　［草丈］10～50cm

［花期］3～10月　［花色］黄色

ヨーロッパ原産だが最近は雑種が急増中

ヨーロッパ原産の外来種です。明治時代に渡来し、日本全国に分布地を広げましたが、近年は在来種と外来種が交雑《こうざつ》した雑種が増え、純粋なセイヨウタンポポは少なくなりました。一つの花に見える頭花《とうか》は舌状花《ぜつじょうか》の集まりで、頭花の下の総苞片《そうほうへん》が反り返っているのが特徴です。ギザギザした葉の形がライオンの歯に似ていることから、英名で「ダンデライオン」といいます。

楽しみ方

太めの茎を切って草笛に。片方の切り口を少しつぶしてくわえ、ふ～っと息を吹き込むとプ～ッと鳴ります(P.238参照)。

※タンポポの花の構造はP.245参照

タンポポの仲間たち

日の当たる場所を好み、地面にはりつくように生えています

［科名］キク科　［草丈］10～50㎝
［花期］3～6月　［花色］黄色・白色

カントウタンポポ　●出合い度 ★★☆☆☆

関東地方に分布。舌状花の数がセイヨウタンポポより少なく、頭花を包む総苞片《そうほうへん》に角状の突起があります。

春

日本各地で見られる人気者
種類が多く仲間がいっぱい！

タンポポは種類がとても多く、世界全体で約４００種類もあるといわれています。日本には、もともと自生する在来種、外来種、在来種と外来種が交《こう》雑《ざつ》した雑種があります。花の色は基本的には黄色ですが、色の濃さが違ったり、白い花が咲く仲間もあります。舌《ぜっ》状花《じょうか》と呼ばれる花びらに似た小さな花がたくさん集まって一つの頭花《とうか》をつくっています。

＼楽しみ方／

花が終わると、根もとに実《み》をつけた白い綿毛ができます。ふぅーっと息を吹きかけて飛ばしてみましょう。

※タンポポの花の構造はP.245参照

エゾタンポポ

●出合い度 ★★★☆☆

北日本に多く見られます。頭花の総苞はやや平たく、外片が幅広い卵形をしています。ほかのタンポポより葉質がやや厚いです。

カンサイタンポポ

●出合い度 ★★☆☆☆

関西や四国地方に多く咲いている在来種。頭花をつける茎は細く、全体的にほっそりとしています。

シロバナタンポポ

●出合い度 ★★☆☆☆

タンポポの仲間では珍しい白色で、中央部は黄色をしています。西日本に多く咲いていますが、関東地方でも少し見られます。

枝分かれした茎の先に直径2~2.5cmの頭花《とうか》を1~3個つけます。舌状花《ぜつじょうか》の縁《ふち》には切れ込みがあります。

ジシバリ

●出合い度 ★★★☆☆

畑の周辺、林、空き地などやや湿った場所に群生しています

［科名］キク科　［草丈］20cm前後

［花期］4~6月　［花色］黄色

春

地面を縛りつけるように茎が伸びるから「地縛《じしば》り」

長い茎を地面に張りめぐらせて群生する様子が、「地を縛る」ように見えることからこの名前がついたといわれています。柄の長い細い茎の先に、タンポポに似た黄色い花を咲かせ、春らしい景色を楽しませてくれます。仲間のオオジシバリはやや大きく、葉は切れ込みのあるヘラ形ですが、ジシバリは丸みのある三角形をしています。葉や茎をちぎると乳白色の液が出ます。

＼楽しみ方／

綿帽子の実《み》の先をルーペでよく観察すると、ふわっと放射状に広がる長い毛を確認できます。

直径1cmほどの頭花《とうか》は、舌状花《ぜつじょうか》の縁《ふち》がギザギザ。花が終わると柄が伸びて下向きになります。

コオニタビラコ

●**出合い度** ★☆☆☆☆

水田やあぜ道などのやや湿った場所を探してみましょう

［科名］**キク科**　［草丈］**15cm前後**

［花期］**3～4月**　［花色］**黄色**

別名は「ホトケノザ」今では貴重な春の七草

春の七草の「ホトケノザ」のことで、「タビラコ」という名前は、田んぼで葉を平たく広げて生えることに由来します。同じ名前のシソ科のホトケノザ（P.49）とはまったくの別もので、仲間ではありません。田んぼを耕す前に成長して花を咲かせることから、春の訪れを告げる花ですが、最近はめっきり数が減り、春の七草の中でもっとも見つけにくくなりました。

＼楽しみ方／

春の七草の一つなので、食用にも適しています。葉や茎をおかゆなどに調理して、その風味を楽しんでも。

ハルジオン

●出合い度 ★★★★☆

道ばた、田畑の周辺、空き地など身近な場所で出合えます

［科名］キク科　［草丈］50〜60cm

［花期］4〜5月　［花色］白から淡いピンク色

茎の上部に直径2~2.5cmの頭花が集中。糸のように細長い舌状花が200個以上ついています。

春

つぼみのときはうなだれ 花を咲かせると上向きに

北アメリカ原産の多年草《たねんそう》。大正時代に渡来し、1940年代に全国に広まりました。つぼみのときは頭を下げてうなだれていますが、花が咲く頃になると、姿勢を正すように上を向きます。頭花《とうか》の中心の黄色い部分は管状花《かんじょうか》の集まりで、まわりのふさふさとした淡いピンク色の部分は舌状花《ぜつじょうか》の集まりです。雑草ですが、群生して咲く風景は、とてもきれいです。

＼楽しみ方／

茎の表面は柔らかい毛に覆《おお》われています。茎をポキッと折ると、中が空洞になっているのがわかります。

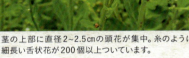

ハハコグサ（ホオコグサ）

●出合い度 ★★★★☆

道ばた、田畑の周辺、空き地などで多く見られます

［科名］キク科　［草丈］20～30cm
［花期］3～5月　［花色］淡い黄色

黄色い頭花は、中心にある両性花《りょうせいか》とそのまわりにある雌花でできています。

葉が白い綿毛に覆《おお》われた黄色い頭花《とうか》がかわいい春の七草

和名は「ホオコグサ」、春の七草で「オギョウ」と呼ばれる1年草または越年《えつねん》草《そう》。葉は細長いヘラ形で、ふわふわの毛に覆われていて、七草がゆはもちろん、古くは草餅にも用いられていました。成長とともに茎の先が短く枝分かれし、枝の先に卵形の小さな黄色い頭花をたくさんつけます。花が終わって実《み》が熟すと、真っ白な綿帽子をつけ、タンポポのように綿毛を飛ばします。

＼楽しみ方／

綿毛に覆われた茎や葉っぱを触ってみましょう。とくに葉の裏は毛が多く、もさもさしています。

春

頭花《とうか》は直径4mmほど。茎の先に穂状《すいじょう》につき、紅紫から黄褐色のグラデーションを見せます。

ウラジロチチコグサ

●出合い度 ★★★★☆

道ばた、空き地、グラウンドなどに多く生育しています

［科名］キク科 ［草丈］10〜30cm

［花期］4〜7月 ［花色］紅紫から黄褐色

春

葉の裏面は白くて個性的だが花は黄褐色でちょっと地味

1970年代から日本に広まった、南米原産の越年草《えつねんそう》または2年草。チチコグサと区別するために、この草花の特徴である葉の裏が白いことを表す「ウラジロ」がつけられました。名前のとおり、光沢のある緑色の葉の裏側は、綿毛が密生していて、真っ白。ハハコグサ(P.61)の仲間ですが、こちらは茎の上部に穂のような黄褐色をした渋い表情の花を咲かせます。

＼楽しみ方／

葉の裏は白く見えるほど細かな毛がびっしり。毛のかたさや肌触りを、葉をめくって確かめてみましょう。

コウゾリナ

●出合い度 ★★★☆☆

空き地、土手の斜面、草地などに生えています

[科名] キク科　[草丈] 50〜80cm

[花期] 5〜9月　[花色] 黄色

直立した茎の途中から枝を分け、舌状花《ぜつじょうか》が集まった直径約2.5cmの頭花《とうか》をつけます。

春

葉と茎は触るとザラザラ表面に赤いトゲがいっぱい!

タンポポを小さくしたような、黄色い花が咲く越年草《えつねんそう》。葉や茎の表面にトゲのようなかたい毛が密生しています。ケガをするほどではありませんが、触るとジョリジョリとしています。この感触から「ヒゲが剃《そ》れそう」と、カミソリに例えたのが名前の由来のようです。花を支える総苞《そうほう》の部分もトゲトゲしていて、花が咲き終わったあとには、小さな綿毛を持つ実《み》をつけます。

＼楽しみ方／

花が咲き終わると一度つぼみのように閉じ、実《み》が熟すと花のように再び開いて、ふわふわの綿毛を見せます。

ノゲシ

●出合い度 ★★★★☆

道ばた、田畑の周辺、空き地などで出合えます

［科名］キク科　［草丈］60～90cm

［花期］3～10月　［花色］黄色

1株に直径2cmほどの黄色い頭花《とうか》をたくさんつけます。花が終わると綿毛の実《み》になります。

春

茎を折ると白い液が出る「乳草《ちぐさ》」とも呼ばれる草花

キク科の1年草または越年草《えつねんそう》ですが、不規則な切れ込みの入った葉がケシの葉に似ていることが名前の由来といわれています。葉や茎に傷をつけると白い乳のような液が出てくるため、「乳草」とも呼ばれています。よく似た仲間のオニノゲシ（P.156）は、光沢のある葉の縁《ふち》にトゲがあって触ると痛いですが、ノゲシは細い毛で触っても痛くないので見分けやすいです。

＼楽しみ方／

花が終わると、タンポポのような綿帽子に。タンポポより綿毛がふわふわしていて実《み》も大きいので手に取ってみましょう。

直径3cmほどの花を1輪ずつ咲かせます。花びらの裏と筒の部分に筋《すじ》が1本通っています。

ハナニラ

●出合い度 ★★☆☆☆
道ばた、空き地、公園などで出合えます

［科名］ヒガンバナ科　［草丈］15cm前後
［花期］3～4月　［花色］白色から淡い紫色

花は美しい星形だけど葉の匂いはニラにそっくり！

明治時代に観賞用として輸入された南米原産の植物ですが、現在は日本各地で野生化しています。葉は長さ10～20cmの線形。表面のつるんとした感触や匂いが野菜のニラと似ていますが、ニラの仲間ではありません。英名で「スプリングスターフラワー」と呼ばれ、花びらを大きく広げた美しい星形の花を咲かせます。葉は地面に広がり、球根（鱗茎《りんけい》）でどんどん増えます。

楽しみ方

葉はやや白っぽい緑色。葉の表面を指先でキュッとつまんで嗅いで、ニラに似た匂いがあるかを確かめましょう。

花は直径約8㎝。外側の花びらが垂れ下がり、内側の小さな花びらは直立しています。

キショウブ

●出合い度 ★★★☆☆

公園、池や川などの水辺に多く生育しています

［科名］**アヤメ科**　［草丈］**90㎝前後**

［花期］**5～6月**　［花色］**黄色**

春

アヤメの仲間で唯一鮮やかな黄色い花をつける

ヨーロッパ原産の多年草《たねんそう》で、明治時代から観賞用として栽培。現在は各地の水辺で野生化しています。葉は先が細くなる剣状で、茎は枝分かれして1～2個の花をつけます。繁殖力が強いため、「要注意外来生物」に指定されていますが、アヤメ科で唯一黄色い花をつけます。晩春から初夏にかけて水辺を黄色く染める景色を待っている、写真愛好家も多いようです。

楽しみ方

花のあとの実《み》は、4～7㎝のだ円形。茶色く色づいて成熟すると、3つに裂けて茶褐色の種《たね》を落とします。

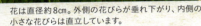

春の初めからつぼみをたくさんつけて、初夏まで直径約5cmの花を咲かせます。

シャガ

● **出合い度** ★★☆☆☆

公園や人里近くの湿った林の縁などに見られます

［科名］**アヤメ科**　［草丈］**30～70cm**

［花期］**3～4月**　［花色］**白に青と黄色の斑点**

湿地を好み、朝に花を咲かせ夕方にしぼむ一日花《いちにちばな》

古い時代に中国から渡来したアヤメの仲間です。林の縁《ふち》などの湿った場所を好んで群生し、実《み》はつくらず地中にある茎を伸ばして繁殖します。花はアヤメよりも小さく、春から初夏にかけて青と黄色の斑点《はんてん》のある白い花を咲かせます。花は朝に咲いて夕方にしぼむ一日花。薄暗い場所では花の白さが際立ちます。葉は光沢があり、冬も枯れずに青々としています。

＼楽しみ方／

花びらの縁に細かい切れ込みが、中央にはとさか状の突起があり、青と黄色の斑点が見られます。

ビオラ

●出合い度 ★★★★☆

道ばた、公園のほか、花壇などに植えられています

［科名］スミレ科　［草丈］10㎝前後

［花期］3～5月　［花色］紫、黄、白色など

花は直径4㎝弱。5枚の花びらを大きく開き、中心に模様が入っているものが多いです。

春

小さな花を咲かせるスミレの品種の総称

園芸品種として栽培されるスミレ類は主に2つに分けられ、花の大きなものは「パンジー」、小さな花がたくさん咲くものは「ビオラ」と呼びます。ビオラには、根がワサビのように大きくなるビオラ・ソロリア・プリケアナのほか、パンダスミレとも呼ばれるビオラ・ヘデラケアや、香りのよいニオイスミレなどさまざまな種類があります。いずれも温度変化に強くて丈夫です。

＼楽しみ方／

紫、黄色、白のほか、紫と黄色のミックスカラーなど花の色が豊富でカラフル。いろんな色のビオラを見つけましょう。

パンジー

●出合い度 ★★★★☆

道ばた、公園のほか、花壇などに植えられています

［科名］スミレ科 ［草丈］10cm前後

［花期］3～5月 ［花色］紫、黄、白色など

花びらにチョウチョのような模様を描く、直径4cm以上の大輪。晩秋から初夏にかけて咲き続けます。

花壇や鉢植えでおなじみ色も豊富なスミレの仲間

ヨーロッパに自生するビオラ・トリコロールなどの野生種から、園芸用植物として品種改良されたスミレの仲間。サンシキスミレとも呼ばれています。温度変化に強く、花の咲く期間が長いことから、公園の花壇に植えられ、春になると色とりどりのパンジーでにぎやかになります。パンジーの品種は今や何千とあり、赤、ピンク、黒など、緑以外の色があるといわれています。

＼楽しみ方／

チョウチョのような模様から「遊蝶花《ゆうちょうか》」とも呼ばれています。いろいろな模様のパンジーを見つけてみましょう。

タチツボスミレ

●出合い度 ★★★☆☆

日当たりのいい道ばた、森林、やぶなどで出合えます

［科名］スミレ科　［草丈］5～20cm

［花期］3～5月　［花色］淡い紫色

花びらの長さは1cm前後。上に2枚、下に3枚並び、下の真ん中にラインが入ります。

昆虫を誘う秘密の道具 蜜を蓄える袋に注目！

林の中や道ばた、庭などに生え、スミレの中でも出合うことが多い種類です。花は淡い紫色ですが、株によって色の濃いものや薄いものがあるほか、まれに白やピンクのものも。花の後ろに突き出した細長い袋状の部分（距《きょ》）に、昆虫が大好きな蜜が蓄えられていて、派手目な模様で虫を中へと誘導します。花が終わり始める頃から茎が立ち上がってぐんと伸びます。

＼楽しみ方／

葉のつけ根を見ると、クシの歯のような形をした「托葉《たくよう》」と呼ばれる付属物があるのがわかります。

スズメノヤリ

●出合い度 ★★★☆☆

日当たりのいい道ばた、土手、公園などに生えています

［科名］イグサ科 ［草丈］10～20cm

［花期］3～5月 ［花色］茶褐色

茎の先に茶褐色の花が密集。雌しべが受粉してから、雄しべが成熟して花粉を出します。

茶褐色の小さな花が集まり毛槍《けやり》のようなかわいい姿に

大名行列の毛槍に見立て、さらに小さいことから「スズメ」とつけてこの名前になったようです。毛槍とは先端に鳥の羽を飾った槍のこと。茶褐色の丸い形をした花の穂の姿がよく似ています。葉はシュッと細く、縁《ふち》に長くて白い毛があります。花のあとにみのる種《たね》にはアリの好きな物質がついていて、アリに種《たね》を遠くまで運ばせて生育域を広げています。

春

＼楽しみ方／

ルーペで穂を見ると、雌しべと雄しべが出ている花の様子がわかります。どちらが先に出てくるか観察してみましょう。

スズメノカタビラ

●出合い度 ★★★★☆

道ばた、田畑の周辺、空き地などにふつうに生えています

［科名］イネ科　［草丈］10〜20cm

［花期］3〜5月　［花色］淡い紅色

長い茎の先に穂をつけます。穂は枝分かれして3〜5mmの小穂をつけ、それぞれ3〜5個の小花《しょうか》をつけます。

春

旺盛な繁殖力で草むらをつくる 踏まれても負けない雑草魂

秋に発芽し、冬から春先にかけて田畑などでごくふつうに見られる越年草《えつねんそう》です。「カタビラ」とは一重《ひとえ》の着物のこと。茎の先につく小穂《しょうすい》に着物の合わせ目のような部分があることからこの名前がつけられたようです。全体が柔らかく、ひげ根が発達していて踏みつけられても丈夫なため、学校のグラウンドや公園などの人通りが多い場所にも群生し、草むらをつくります。

＼楽しみ方／

地面に近い根もとから平たい茎が株状に分かれています。葉の先は内側が少しぼんだボート形をしています。

イヌムギ

●出合い度 ★★★★☆

道ばた、堤防の斜面、空き地などに多く見られます

［科名］イネ科　［草丈］60～100cm

［花期］4～6月　［花色］緑色

茎が数本まとまって生えます。葉は冬の間も枯れることなく青々としています。

南米から牧草として導入され今では日本各地で野生化

南アメリカ原産の多年草《たねんそう》です。明治時代に牧草として日本に導入されましたが、現在は野生化し、雑草として各地に広まっています。小穂《しょうすい》は平らなだ円形でかたいのが特徴です。名前にムギとついていますが、あまり麦には似ていません。花は開かないまま受粉し、実《み》をつくるものがほとんどですが、まれに花から黄色い雄しべを見せるものもあります。

＼楽しみ方／

だ円形の平べったい小穂に触れると、かたい感触が伝わります。耳もとで揺《ゆ》らすとカサカサと音を鳴らします。

葉は太くて長い柄があり、その先が10枚あまりに分かれて傘のように広がっています。

ウラシマソウ

●出合い度 ★★☆☆☆

道ばたの茂み、林の中や縁《ふち》などで出合えます

［科名］サトイモ科　［草丈］40～60cm

［花期］4～5月　［花色］濃い紫色

浦島太郎の釣り糸とは!? 楽しい想像がふくらむ奇妙な形

花軸《かじく》から細長く伸びる付属物を、浦島太郎の釣り糸に見立てた、ユニークな姿の多年草《たねんそう》です。花はツボ形の苞《ほう》の中に穂状《すいじょう》になって咲き、栄養状態に応じて雄花から雌花へ柔軟に性転換します。雌花は秋になると粒々の実《み》になり、これが集まって真っ赤な穂（写真右上）となります。いかにもおいしそうに見えますが、地中にできるイモも含めて有毒で、「蛇草《へびくさ》」とも呼ばれます。

＼楽しみ方／

50cmほどある細長い付属物の根もとに花がついています。ツボのような苞の中をのぞいて花の咲く様子を見てみましょう。

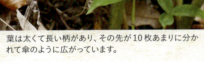

シラン

●出合い度 ★★☆☆☆

公園、花壇、山地などのやや湿った場所を探してみましょう

［科名］ラン科　［草丈］60㎝前後

［花期］4～5月　［花色］紅紫色

花は直径約4~5㎝の唇形。紅紫色をしたラン科の花なので「紫蘭《しらん》」という名前に。

観賞用に人気のランの仲間 自生する野生種は貴重！

園芸植物として育てやすいため、公園や庭の花壇などに観賞用として植えられています。一方で、湿った山地などに生える野生種は自生地が限られ、「準絶滅危惧種」に指定されています。花は鮮やかな紅紫色のほか、シロバナシランと呼ばれる白色も。花びらは外側と内側に3枚ずつつき、突き出した1枚にあるヒダで蜜を蓄えていることを虫たちに知らせているそうです。

＼楽しみ方／

葉の形をよく観察してみましょう。細長いだ円形でシュッと先の尖った姿が、どことなく笹《ささ》の葉に似ています。

花は紫色の筋《すじ》が入った淡い紫色。毛の多い直立した茎の上部に穂状《すいじょう》につきます。

ヤセウツボ

●出合い度 ★★☆☆☆

土手、草むら、畑の周辺などに増えています

［科名］ハマウツボ科　［草丈］15〜20cm

［花期］5〜6月　［花色］淡い紫色

春

素知らぬ顔で養分をもらい原っぱに生える寄生《きせい》植物

ヨーロッパ原産の寄生植物です。光合成を行わずにほかの植物の根から水や養分をもらって生きていて、マメ科のアカツメクサ（P.91）のほか、キク科やセリ科の植物にもよく寄生しています。葉はウロコ状に退化していてあまり目立たず、先が尖ったものがちょろっとついています。牧草や農作物に寄生して被害を与えることもあり、「要注意外来生物」に指定されています。

＼楽しみ方／

葉緑素《ようりょくそ》がないので緑色の葉は見当たりません。全体に茶褐色なので枯れたようにも見えますが、もともとの色です。

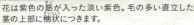

初夏

草花にとって過ごしやすい季節の到来。
半日陰や湿った場所を好む草花が
ぐんぐん伸びて
みずみずしい緑に覆《おお》われます。
花期を迎えるイネ科も
きれいな穂を揺《ゆ》らします。

＼見つけよう！／初夏を彩る草花たち

梅雨前後のこの季節、やや日陰のところを好む個性豊かな草花が、
われ先にとぐんぐん伸びて、生育エリアを広げます。

お家のまわりもにぎやかに！

日陰が大好きなドクダミ（P.89）が全盛期、一気に花を咲かせます。お茶や化粧水、薬に使われるなど、暮らしに役立つ草花です。

見た目がおしゃれな草花

薄紫色のキリッとした美しい花はニワゼキショウ（P.106）。朝咲いて夕方にしぼみ、小さな実をぶら下げます。らせん状にピンクの花がつくのはネジバナ（P.116）。右巻き？左巻き？が気になります。

ピンクの花のそっくりさんに出合える!?

花が咲く長さを比べてみましょう。ヒルザキツキミソウ（P.93）は、明け方に開いて翌日まで咲きますが、ユウゲショウ（P.94）は夜明け前に咲いて夕方にはしぼむ一日花《いちにちばな》です。

花の季節到来！　穂の形もいろいろです。

ヒメコバンソウ（P.113）はおむすび形の小穂《しょうすい》をたくさんつけ、チガヤ（P.111）の穂先はふわっふわ。ネズミムギ（P.109）とカモジグサ（P.110）は、小花《しょうか》から黄色い雄しべが現れます。

ヒメスイバ

●出合い度 ★★★☆☆

日当たりのいい道ばた、牧草地などで出合えます

［科名］タデ科 ［草丈］20～50cm

［花期］5～8月 ［花色］赤茶色、緑色

赤みを帯びたのが雌花で雌しべが１本、緑っぽいのが雄花で雄しべ６本があり、ガクは６枚です。

初夏

葉っぱが魚のような形 茎は噛《か》むと酸っぱい

明治時代に渡来し、道ばたや牧草地でよく見られる、ヨーロッパ原産の多《た》年草《ねんそう》です。春に花期を迎えるスイバ（P.26）より茎が細く、全体的に小型なので「ヒメ」とつきました。スイバは地下に太くて短い茎を持ちますが、こちらは地下茎《ちかけい》を横に伸ばして株を増やしていきます。スイバと同じように雄《お》株《かぶ》と雌《め》株《かぶ》があり、どちらも茎を折って噛むと酸っぱいのが特徴です。

＼楽しみ方／

葉の茎のつけ根あたりが耳のように張り出しています。真上から見ると魚のようでかわいいです。

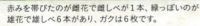

ナガバギシギシ

●出合い度 ★★★☆☆

日当たりのいい道ばた、河川敷、田畑の周辺などに見られます

［科名］タデ科　［草丈］80～120cm
［花期］5～7月　［花色］緑色

直立した茎の上の方に円すい状の穂をつくり、緑色の花を穂状《すいじょう》にたくさん咲かせます。

初夏

ダイナミックに葉を広げる草花界のノッポさん

地面にどっしりと太い根を下ろして生える多年草《たねんそう》です。密生した葉を放射状に大きく広げ、茎を直立させて最大120cmの草丈までぐんぐん伸びます。そのため、群生すると周囲は深い草むらに。葉は長いだ円形で、縁《ふち》が縮んだような波状《はじょう》になっています。一つの花の中に雄しべと雌しべを持つ両性花《りょうせいか》で、花が終わったあとの実《み》は、熟すと緑色から赤茶色に染まります。

＼楽しみ方／

実《み》を観察してみましょう。内側のガクが翼状《よくじょう》になって実《み》を包んでいます。翼には不揃《ふぞろ》いの3個の粒状の突起がついています。

花は茎の上部に穂のように多数つき、柄の先で下向きに咲きます。

エゾノギシギシ

●出合い度 ★★★☆☆

日当たりのいい道ばた、河川敷、田畑の周辺などで出合えます

［科名］タデ科　［草丈］60～120cm

［花期］5～7月　［花色］淡い緑色

初夏

細長いギザギザの葉をぐんと広げる大きな草

明治時代に渡来したヨーロッパ原産の多年草《たねんそう》です。ナガバギシギシ（P.81）と同じギシギシ類ですが、こちらは北日本や高原などに多く生育しています。草丈は1mを超え、地面に放射状に葉を大きく広げる姿がダイナミック。葉の中央の脈と茎は赤みを帯びることもあり、よく目立ちます。実《み》を包む翼《よく》の縁《ふち》にギザギザした歯が目立ち、粒状の突起が1個ついています。

＼楽しみ方／

花は雌しべと雄しべを持つ両性《りょうせい》花《か》。雌しべ1本、雄しべ6本、ガク6枚で構成されている花の様子を観察しましょう。

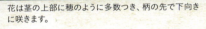

アレチギシギシ

● 出合い度 ★★☆☆☆

日当たりのいい道ばた、河川敷、田畑の周辺などに見られます

［科名］タデ科　［草丈］50～100㎝

［花期］5～7月　［花色］赤みがかった緑色

直立した茎から枝を分岐させて、茎の上部に穂状《すいじょう》の花をまばらに咲かせます。

茎から折れ曲がった枝を出す ほっそりスリムな雑草

ギシギシ類の中でも、ほっそりとした印象です。ほかの仲間と同様に、地面に放射状に葉を広げ、その中央から茎を直立させて大きく伸びますが、茎からやや折れ曲がった枝を出すのが特徴です。花が咲き終わると、内側のガクが実《み》を包むように翼状《よくじょう》に変化します。翼は小さくてあまり目立ちませんが、その中央に同じ大きさの粒状の突起物が3個ついています。

楽しみ方

実《み》は長さ約1.5㎜で黒褐色。3つの角を持つ形をしていて、触れると先がツンと尖っているのがわかります。

ミチヤナギ

●出合い度 ★★★☆☆

道ばた、空き地、畑の周辺などに多く生えています

［科名］タデ科　［草丈］10～30㎝

［花期］5～9月　［花色］白色

花は直径3㎜ほど。5つに深く裂けたガクのような形で、葉の脇に1～5個ずつ咲きます。

初夏

踏みつけられても耐え抜く！ 小さいながらも端正な花

名前のとおり、ヤナギに似た細長い葉を持つ1年草です。丈夫で踏みつけに強いため、人通りが多い場所にもよく生えています。茎に葉が交互につき、節《ふし》ごとに葉の基《き》部《ぶ》がサヤ状になって茎を包んでいます。街中では、近縁種《きんえんしゅ》でヨーロッパ原産のハイミチヤナギが見られますが、そちらは実《み》の断面が二等辺三角形で、ミチヤナギは正三角形をしています。

＼楽しみ方／

花は緑色で、白い縁取《ふちど》りのあるおしゃれなデザイン。真ん中の黄色い雄しべもアクセントに。かわいい表情を観察しましょう。

コモチマンネングサ

●出合い度 ★★★☆☆

街中の道ばた、空き地、田畑の周辺などに多く見られます

［科名］ベンケイソウ科　［草丈］10〜15cm

［花期］5〜6月　［花色］黄色

花は黄色い花びらが5枚。花びらの先が尖っていてお星さまのような形に見えます。

種《たね》はつくらず子だくさん むかご作戦でどんどん増える

全体が多肉質《たにくしつ》で葉と茎がしおれにくく、長持ちしそうに見えることから「万《まん》年草《ねんぐさ》」。「子持ち」は葉のつけ根にむかご（子株《こかぶ》）をつくることに由来しています。花のあとに種《たね》をつくらず、このむかごが地面にポロリと落ちて越冬し、春に発芽します。株自体は枯れるのに、体の一部であるむかごが芽を出して、新しい命をつなぐという繁殖の特性を持っています。

＼楽しみ方／

葉のつけ根には、むかごがいっぱい。よく見ると少数の葉がついている様子を観察できます。

茎の上部に小さな丸い花を多数つけます。花は5つに裂けたガクに包まれています。

コアカザ

●出合い度 ★★☆☆☆

畑や街中の植え込みなど柔らかい土の場所に生えています

［科名］ヒユ科　［草丈］20～60cm

［花期］5～6月　［花色］黄緑色

初夏

花は白い粒をまとった黄緑色 小さな丸い花が房状に咲く

ユーラシア大陸原産の1年草。シロザ（P.177）に似ていますが、茎が直立せずに低く枝分かれしています。葉は幅が狭くて長い卵形。茎の上につく葉はなだらかな縁《ふち》ですが、下の葉は3つに切れ込みが入っています。若葉は裏面が白い粉粒《ふんりゅう》に覆《おお》われ、白っぽく見えるのも特徴です。花が咲き終わると、中に実《み》を1個つくり、熟すと皮が破れて黒色の種《たね》が顔を出します。

＼楽しみ方／

ルーペで若葉の裏や花の表面を見ると、砂糖をまぶしたような白い粉粒が。粒々の感触を確かめてみましょう。

花は4枚の花びらを持つ小さな花の集まり。花が咲いたあとに円柱形の実《み》をつけます。

クレソン（オランダガラシ）

●出合い度 ★★☆☆☆

きれいな水が流れる河辺を好んで群生しています

［科名］アブラナ科　［草丈］15〜40cm

［花期］4〜7月　［花色］白色

ピリッと辛みのある洋食のつけ合わせの定番

水のきれいな場所を好んで生育する、ヨーロッパ原産の水生《すいせい》植物です。明治時代に洋食の普及とともに日本にやって来ました。茎や葉にピリッとした辛みがあり、料理のつけ合わせなどに活用されています。葉は冬でも緑色のままで、春になると白い花を咲かせます。食べておいしい、見て美しい植物ですが、繁殖力が強く、増えすぎて生態系を乱すなどの一面もあります。

＼楽しみ方／

茎を水につけておくと、数日で根が生えるほど繁殖パワーがあります。キッチンで育ててみるのもいいでしょう。

初夏

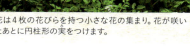

ナガミヒナゲシ

●出合い度 ★★★☆☆

街中の道ばた、空き地、畑の周辺などで出合えます

［科名］ケシ科　［草丈］30～60cm

［花期］4～7月　［花色］紅紫色

4枚の花びらを持つ花は直径3~6cm、つぼみのときは頭を垂れ下げ、開くと上を向きます。

初夏

一つの実《み》に種《たね》が数千粒も!? 子孫繁栄にとっても熱心

1960年代に渡来したといわれるヨーロッパ原産の越年草《えつねんそう》または1年草で、近年、猛烈な勢いで日本各地で生息地を広げています。その繁殖力の秘密は種《たね》の多さ。「けし坊主《ぼうず》」と呼ばれる細長い実《み》の中に、数百から数千粒の種《たね》をつくり、熟すと一気に散らして仲間を増やします。さらに、周辺植物の成長を阻害する物質を根に持っているため、各地で駆除対象になっています。

楽しみ方

茎や葉など、全体に白い毛がびっしりと生えているのが特徴です。つぼみも長い毛が密生したガクに包まれています。

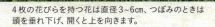

ドクダミ

●出合い度 ★★★★★

道ばた、空き地、家の周辺など半日陰の湿った場所を好みます

［科名］ドクダミ科　［草丈］20～40cm
［花期］6～7月　［花色］白色

花は花びらやガクがなく、雄しべと雌しべだけで構成されたシンプルなつくりです。

初夏

強い匂いに反して花は清楚 昔から民間薬として大活躍！

全草に独特な匂いがあり、古くから十の薬効をもつ植物として親しまれてきました。薄暗く湿った場所を好み、地《ち》下茎《かけい》を長く伸ばして増えていきます。4枚の白い花びらのようなものは、つぼみを包んでいた葉が変化したもので、本当の花は真ん中から突き出た部分。よく見ると黄色い花が穂のようについています。最近は、葉に斑《ふ》が入ったものが園芸用に栽培されています。

＼楽しみ方／

昔から「十薬《じゅうやく》」と呼ばれ、民間薬として使われてきました。ドクダミ化粧水などを手づくりするのもいいでしょう。

花は白いチョウ形の花が球状に密集。葉は長い柄を持ち、地面をはうように広がります。

シロツメクサ（クローバー）

●出合い度 ★★★★★
道ばた、空き地、公園など身近な場所で出合えます

［科名］マメ科 ［草丈］5～15cm
［花期］4～7月 ［花色］白色

初夏

幸せのシンボルとされる四つ葉を見つけてみよう！

江戸時代にオランダから持ち込まれた、ガラス製品のクッション材に使われていたことが名前の由来といわれ、英名で「クローバー」と呼ばれて親しまれています。明治時代に牧草として栽培されるようになり、各地に広がりました。３枚に分かれた葉の表面には白い斑《ふ》が入るものもあり、踏まれても丈夫です。葉が４枚あるものは、幸せのシンボルとされています。

楽しみ方

茎の長い花を編んで花かんむりをつくったり、四つ葉のクローバーを探したり、草花遊びをしてみましょう。

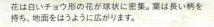

アカツメクサ

●出合い度 ★★★☆☆

道ばた、空き地などの日当たりのいい場所に見られます

［科名］マメ科　［草丈］20～50cm
［花期］5～8月　［花色］赤紫色

花は赤紫色のチョウ形の花が集まっています。葉は白い毛があり3枚に分かれています。

丸いぽんぽん花が草花遊びにぴったり！

デンマークの国花《こっか》になっている草花で、日本では明治時代に牧草として栽培されて広がりました。別名でムラサキツメクサと呼ばれています。シロツメクサに似ていますが、花の穂も葉も大きいのが特徴です。また、地面をはう茎は持たず、株が枝分かれして茎を立ち上げ、花を咲かせます。アカツメクサとシロツメクサを比べて、違いを観察してみましょう。

楽しみ方

指輪やブレスレットをつくる草花遊びに最適。シロツメクサを加えてアレンジするのもいいでしょう（P.241参照）。

花は直径約1cmで5枚の花びらを持ちます。
秋には葉が赤く色づきます。

アメリカフウロ

●出合い度 ★★★☆☆

道ばた、空き地、植え込みなどに多く生えています

[科名] フウロソウ科　[草丈] 10～50cm
[花期] 5～9月　[花色] 淡い紅色

初夏

切れ込みのある葉に注目！北米生まれのタフな越年草《えつねんそう》

昭和の初め頃に渡来が確認された、北アメリカ原産の越年草です。フウロソウの仲間は、園芸用に多く栽培されていますが、アメリカフウロは野生種として、どこでもたくましく成長します。初めは地面に低く放射状に茎を伸ばして広がり、次第に斜めに立ち上がります。葉は手のひら形で深く切れ込んでいるのが特徴で、落葉前に紅葉《こうよう》する姿を見られます。

楽しみ方

実《み》は長さ約2cmのくちばしのようなものが突き出るユニークな形（写真右下）。熟すと5つに裂けて種《たね》を飛ばします。

ヒルザキツキミソウ

●出合い度 ★★☆☆☆

花壇のほか、街中の道ばた、空き地などに増えています

［科名］アカバナ科　［草丈］60～80cm

［花期］5～7月　［花色］淡いピンクから白色

4枚の花びらに淡い紅色の脈が目立ち、雄しべが長く、チョウチョの体に花粉をつけて運ばせます。

早朝から徹夜して翌日まで2日間美しく咲き続ける

「かたく結ばれた愛」という、ロマンチックな花言葉を持つ多年草《たねんそう》。北アメリカ原産で、大正時代に園芸用として導入されました。夜咲きのツキミソウの仲間ですが、こちらは明け方から花が開いて翌日まで咲きます。花は淡いピンク色から白色にグラデーションがかかった、かわいい表情を楽しめ、ピンク色のものは、「モモイロヒルザキツキミソウ」とも呼ばれています。

楽しみ方

実《み》は細長い形。「雨滴散布《うてきさんぷ》」と呼ばれる仕組みで、雨に濡れると先が裂けて種《たね》をまき、乾くと再び閉じます。

初夏

花は4枚の花びらに紅色の脈が目立ちます。茎にはかたい毛があり、赤みがかることも。

ユウゲショウ

●出合い度 ★★☆☆☆

花壇、日当たりのいい道ばた、空き地などで出合えます

［科名］アカバナ科　［草丈］40㎝前後

［花期］5〜10月　［花色］淡い紅色

初夏

和名は「夕化粧《ゆうげしょう》」だけど明け方に美しく咲く一日花《いちにちばな》

明治時代に観賞用として栽培されていましたが、野生化して分布地を広げています。和名は「夕化粧」ですが、夜明け前に花が開き、夕方しぼむ一日花です。ヒルザキツキミソウ（P.93）と同じく、「雨滴散布《うてきさんぷ》」と呼ばれる仕組みで種《たね》を散らします。先がふくらんだ細長い実《み》は、雨に濡れると先が花のような形に4つに裂け、雨粒の勢いを借りて種《たね》を散らします。

＼楽しみ方／

花が何時頃に開くのか？　夜明け前にがんばって起床して「一日花」の花の咲くサイクルを、観察してみましょう。

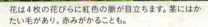

ヤエムグラ

●出合い度 ★★★☆☆

道ばた、林、やぶの中などに多く生えています

［科名］アカネ科　［草丈］70〜100㎝

［花期］5〜6月　［花色］淡い黄色

花は約3㎜と小さく、丸い実《み》のほうが目立ちます。葉は四角い茎のまわりに6〜8枚ずつつきます。

葉も実《み》もどこを触ってもトゲトゲの〝ひっつき虫〟

「ムグラ」には生い茂る草という意味があり、折り重なるように茂る姿が名前の由来のようです。茎が柔らかくて自分の力では立てないため、下向きについているトゲをほかの植物に引っかけながら伸びます。花のあとは、茎の先に2つの球を合体させた形の実《み》をつけますが、この実《み》にもかぎ爪状のトゲが密生し、ひっつき虫となって服につき、触るとベタベタします。

楽しみ方

別名「勲章草《くんしょうぐさ》」。トゲのある葉や茎、実《み》をちぎって服につけ、ワッペンに見立てる草花遊びを楽しみましょう。

初夏

ヒルガオ

●出合い度 ★★★☆☆

道ばたのフェンス沿い、林や植え込みなどに生えています

［科名］ヒルガオ科　［草丈］つる性
［花期］6〜9月　［花色］淡い紅色

淡い紅色の花を次々に咲かせます。毎日、午前中に咲いて夕方頃にはしぼみます。

初夏

日本在来の美しい花だが繁殖力のすごさは一級品！

早朝に咲いて昼前にしぼむアサガオに対し、ヒルガオは日射しのある日中も咲いています。また、アサガオは園芸種の1年草ですが、ヒルガオは多年《たねん》草《そう》です。土の中にわずかに残るちぎれた地下茎《ちかけい》からもあっという間に広がり、つるを伸ばして大きくなるため、ときに厄介者《やっかいもの》として扱われることも。実《み》は滅多にできず、地下茎で増えていきます。入梅《にゅうばい》の頃咲くのでアメフリバナとも。

＼楽しみ方／

花は花びらが反り返ったラッパのような形をしています。2枚の大きな苞《ほう》がガクを包んでいる様子を観察してみましょう。

花は3~4cmのラッパの形。淡い紅色の花と緑色の葉のコントラストが初夏の空の下に映えます。

コヒルガオ

●出合い度 ★★★☆☆

道ばた、畑の周辺、植え込みなどに見られます

［科名］ヒルガオ科　［草丈］つる性

［花期］5～9月　［花色］淡い紅色

小さなかわいい姿だが繁殖力はヒルガオに勝る！

ヒルガオの仲間で開花時間も同じく、午前中に咲いて夕方にしぼむつる性の多年草《たねんそう》です。花はヒルガオよりも小さく、花の柄に縮れたヒレがあるのが特徴です。夏の訪れを告げるように、淡い紅色のかわいらしい花を次々と咲かせますが、その繁殖力の強さはヒルガオ以上。実《み》は滅多にできず、ほかの植物よりもわれ先にと、地下茎《ちかけい》から芽を伸ばして増えていきます。

＼楽しみ方／

葉の形がゾウの顔のように見えます。細く先が尖った葉の基部《きぶ》が耳のように張り出し、さらに2つに分かれています。

初夏

ムラサキサギゴケ

●出合い度 ★★☆☆☆

湿った野原やあぜ、畑の周辺、空き地に群生しています

［科名］サギゴケ科　［草丈］10cm前後
［花期］4～6月　［花色］紅紫色

花は長さ2cmほどの唇形。下の真ん中の花びらにはオレンジ色の模様が入り、毛が生えています。

初夏

雌しべが花粉を捕らえると自然にお口をチャックする

湿り気のある草地などに生える多年《たねん》草《そう》です。葉の間から枝を横に伸ばし、地をはうように広がります。茎はあまり伸びず、地面近くに大きめの花を咲かせるため、群生すると一面が紅紫色の絨毯《じゅうたん》に覆《おお》われます。花の雌しべの先が上下に開き、そこに花粉がつくと閉じます。これは確実に花粉を捕らえて受粉するための、柱頭《ちゅうとう》運動と呼ばれる仕組みです。

＼楽しみ方／

花の中をのぞいて、雌しべの先を指でやさしくつつくとさっと閉じます。柱頭運動の様子を観察してみましょう。

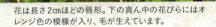

タチイヌノフグリ

●出合い度 ★★★★☆

道ばた、畑の周辺、公園、空き地などに見られます

［科名］オオバコ科　［草丈］20㎝前後

［花期］4〜7月　［花色］淡い紫色

4枚の淡い紫色の花びらをつけた小さな花が、葉に埋もれるように咲きます。

小さな花をよ〜く見ると青い宝石のような美しさ

オオイヌノフグリ（P.51）の仲間で、明治時代に渡来したヨーロッパ原産の越年草《えつねんそう》。地面から細い茎が立ち上がるように伸びることが名前の由来になっています。花は小さくて目立ちませんが、真ん中が黄色で、淡い紫色の花びらに細い縦の線が入った愛らしいデザインをしています。オオイヌノフグリと同様に、手で触れるとポロリと落ちてしまうほど繊細です。

\楽しみ方/

実《み》は約4㎜と小さく、平べったいハート形をしています。その小さな実《み》を守るように表面には毛が生えています。

初夏

オオバコ

●出合い度 ★★★★★

道ばた、公園、空き地など身近な場所に多く生えています

［科名］オオバコ科　［草丈］30㎝前後

［花期］4～9月　［花色］緑色

茎の先につく細長い花穂《かすい》に小さな花をびっしりとつけ、下から順に咲き上がっていきます。

初夏

人に踏まれて種《たね》が運ばれいたる所で元気に繁殖中！

丈夫な葉と茎を持ち、踏まれてもたくましく生きる日本在来の多年草《たねんそう》です。根もとに大きな卵形の葉が放射状に集まり、その中心から茎を真っすぐ伸ばし、長い穂をつけて小さい花を下から順に咲かせます。種《たね》は濡れるとベタつくのが特徴で、人に踏まれると靴の裏にくっついて、運ばれた先で繁殖するため、人や車の行き来が多い場所によく生えています。

＼楽しみ方／

茎と茎を絡ませて引っ張り合う「オオバコ相撲」に挑戦しましょう（P.240参照）。茎が切れたほうが負けです。

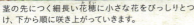

オオバコよりも背丈が高くてスリム。花は花びらの代わりに、白い雄しべがよく目立ちます。

ヘラオオバコ

●出合い度 ★★★★☆

道ばた、河原、空き地など身近な場所に生えています

［科名］オオバコ科　［草丈］40〜60㎝

［花期］5〜8月　［花色］白から淡い黄色

オオバコよりもスリムで踏まれるのはちょっと苦手

江戸時代末期に渡来したとされるヨーロッパ原産の多年草《たねんそう》です。名前のとおり、根もとに集まる葉が、20〜40㎝の細長いヘラ形をしているのが特徴です。その中心からひょろっと茎を伸ばし、太く短い花穂《かすい》に小さな花をつけますが、花びらは目立ちません。オオバコほど踏みつけに強くはありませんが乾燥には強く、荒れ地などでも元気に育ちます。

楽しみ方

花の穂からツンツンと長く伸びる白いものは雄しべ。雌しべが先ににょきっと現れ、かわいい姿を楽しませてくれます。

初夏

茎はピンと張りがあり、その先に直径約2cmの頭花《とうか》が集まって咲きます。

ヒメジョオン

●出合い度 ★★★★☆

道ばた、空き地、野原など身近な場所に多く見られます

［科名］キク科　［草丈］60～120cm
［花期］5～10月　［花色］白から淡い紅色

初夏

ハルジオンに似ているが つぼみのときも元気いっぱい！

北アメリカ原産の2年草です。春に咲くハルジオン（P.60）に似ていますが、こちらは花がやや小さく、咲き始めも1カ月ほど遅くなります。また、ハルジオンは茎が空洞で、つぼみのときはうなだれているのと違い、ヒメジョオンは茎の中が詰まっていて、つぼみのときも上を向いています。葉を放射状に広げて過ごす期間に幅があり、秋に開花するものもあります。

＼楽しみ方／

冬の間は放射状に広がる葉を、小さくまとめて過ごします。冷たい風に当たると葉が紅葉《こうよう》することもあります。

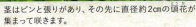

ノアザミ

●出合い度 ★★★★

道ばた、空き地、土手などに多く生えています

［科名］キク科　［草丈］50～100㎝

［花期］5～8月　［花色］紅紫色

頭花は直径約4～5㎝と大きくて華やか。管状花《かんじょうか》が集まり、上を向いて咲いています。

トゲトゲしい葉は外敵から身を守るための工夫

日本に100種類以上あるアザミのほとんどは秋咲きですが、ほかの種類に先駆けて初夏から夏にかけて開花するのがノアザミです。アザミの特徴であるトゲも健在で、深い切れ込みの入ったギザギザの葉には縁《ふち》に鋭く尖ったトゲがあり、触れるとチクッとするので注意しましょう。最近は切り花用にノアザミを改良した、花色が豊富なドイツアザミが栽培されています。

\楽しみ方/

頭花《とうか》の下の筒状になった部分(総苞《そうほう》)を触ってみましょう。粘着物に覆《おお》われ、べたっとした感触が伝わります。

キツネアザミ

● 出合い度 ★★☆☆☆

日当たりのいい野原、田畑の周辺などで出合えます

［科名］キク科　［草丈］60〜120cm
［花期］5〜6月　［花色］淡い紅紫色

枝先に直径約1.5cmのアザミに似た小さな頭花《とうか》を、上向きに咲かせます。

初夏

似ててもノアザミじゃないのは野山のキツネのしわざ!?

北海道を除く、日本各地に分布する越年草《えつねんそう》です。花はノアザミ（P.103）に似ていますが、よく見ると葉の縁《ふち》にトゲがなく、キツネに化かされた気分になるというのが名前の由来。放射状に広がる葉の真ん中から120cm近くまで茎をまっすぐ伸ばし、枝分かれした茎の先に丸みのある花をたくさんつけます。切れ込みのある葉は柔らかく、裏に細かい白い毛が密に生えています。

＼楽しみ方／

花が咲き終わると実《み》に白い綿毛ができます。ふっと息を吹きかけて、綿毛の旅立ちをお手伝いしましょう。

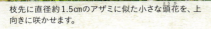

ノビル

●出合い度 ★★★☆☆

道ばた、土手、田畑の周辺などに群生しています

［科名］ヒガンバナ科　［草丈］40〜60cm
［花期］5〜6月　［花色］白色

茎の先から柄を伸ばし、直径1cmほどの花をつける様子は線香花火に似ています。

花が咲くと線香花火のよう 球根はおいしいおかずに

野に生える蒜《ひる》（ネギの仲間の総称）という意味の名前のとおり、全草からネギに似た匂いがします。地中にできる球根（鱗茎《りんけい》）と葉は、ともに食用として楽しめます。花はあまり目立たず、花の穂の真ん中にかたまる小さな粒々のむかご（子株《こかぶ》）からまばらに咲き、株によってはむかごだけで終わるものも。種《たね》はできずに、むかごがポロッと地面に落ちて繁殖します。

＼楽しみ方／

球根（写真左下）はそのまま生でも食べられます。エシャロットのような味わいで、味噌につけて食べるとおいしいです。

花は直径約1.5cm。午前中に咲いて夕方にしぼむ一日花ですが、次々に花をつけます。

ニワゼキショウ

●出合い度 ★★★☆☆

道ばた、公園、空き地などに群生しています

［科名］アヤメ科　［草丈］15〜20cm
［花期］4〜6月　［花色］淡い青紫色など

初夏

実《み》をつけたかわいい花は夕方にしぼむ一《いち》日《にち》花《ばな》

日当たりのいい芝地などに咲く多年《たねん》草《そう》。アヤメ科の仲間ですが、越冬中の葉の様子がサトイモ科のセキショウに似ていることから、この名前がついたようです。開花の時期になると、2個の苞《ほう》の間から細い柄を出し、数個の小さい花を咲かせます。花は白やピンク色などもあり、いずれも花びらに濃い紫色の筋《すじ》が縦に入る、清楚な表情を見せ、花のあとは丸い実《み》ができます。

＼楽しみ方／

茎に垂れ下がる球体は、花が咲いたあとの実《み》(写真右下)。直径約3㎜と小さく、熟すと裂けて黒い粒々の種《たね》を散らします。

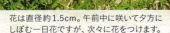

初夏

オオニワゼキショウ

●出合い度 ★★★☆☆

道ばた、公園、空き地などに広く生えています

［科名］アヤメ科　［草丈］20～30㎝

［花期］4～7月　［花色］青紫色

花びらは平らに開かず、横から見ると
ややすぼまっているように見えます。

一日花《いちにちばな》だけど紫色の小さな花を次々に咲かせる

明治時代に園芸用に持ち込まれた、北アメリカ原産の多年草《たねんそう》です。ニワゼキショウよりも、草丈や実《み》のサイズなどが大きく、花は直径約1㎝と小さめで、鮮やかな青紫色をしています。花びらに濃い紫色の筋《すじ》が縦に入ったかわいい花は、午前中に開き始めて日が傾く夕方にしぼむ一日花。一つの花の命は短いですが、次々と咲くのでにぎやかな印象です。

楽しみ方

実《み》は直径約5㎜の球状（写真左下）。3室に分かれた実《み》の中に黒い粒々の種《たね》を蓄え、熟すと裂けて種《たね》を散らします。

ムラサキツユクサ

●出合い度 ★★☆☆☆
庭園のほか、道ばた、公園などで出合えます
［科名］ツユクサ科　［草丈］50cm前後
［花期］6～7月　［花色］紫、白色など

先端のつぼみから花柄を上に伸ばして順に咲き進み、咲き終わると垂れ下がります。

初夏

雄しべに生える紫色の毛が学校での細胞観察に大活躍！

明治時代に渡来した北アメリカ原産の多年草《たねんそう》です。庭園などに植える品種のほか、種《たね》がこぼれて野生化したものが増えています。葉は白っぽい多肉質《たにくしつ》で、茎の先に3枚の花びらを持つ紫色の花を咲かせます。花は夕方にしぼむ一日花《いちにちばな》ですが、暑さに弱いのか、日射しの強い日は半日でしぼんでしまうこともしばしば。花は紫色のほか、白やピンク色などもあります。

楽しみ方

雄しべに紫色の毛が生えています。ルーペで拡大すると、数珠玉《じゅずだま》のように細胞が1列に並ぶ様子が見えます。

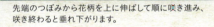

ネズミムギ

●出合い度 ★★★☆☆

道ばた、空き地、堤防、河川敷などに広く生えています

[科名]イネ科　[草丈]50～100cm

[花期]5～7月　[花色]緑色

長い穂に小穂が交互に並び、小花が10個ほどつきます。小穂から顔を出している細長いものが雄しべです。

牧草として栽培される栄養満点の牛たちのごはん

世界中で牧草として栽培されている、ヨーロッパ原産の越年草《えつねんそう》です。日本では緑化材に用いられたものが、雑草化して広まりましたが、容易に交雑《こうざつ》するため、ネズミホソムギなどの雑種も多く見られます。イネ科なので穂や葉がかたそうなイメージですが、意外にも柔らかくてしなやか。穂は左右交互に小穂《しょうすい》がつき、一つの小穂に10個ほどの小花《しょうか》をつけます。

楽しみ方

小穂につく小花をルーペでのぞき、雄しべの下にある白い羽毛のような雌しべの先(柱頭《ちゅうとう》)を見てみましょう。

カモジグサ

●出合い度 ★★★☆☆

道ばた、空き地、土手の斜面、畑の周辺などに見られます

［科名］イネ科 ［草丈］40～60cm

［花期］5～6月 ［花色］緑色

穂に小穂が2列に並び、それぞれ5~10個の小花《しょうか》をつけます。実《み》が熟してものぎ（芒）はまっすぐのまま。

初夏

紫色の穂でつけ髪や毛虫遊びを楽しもう！

名前は、女の子が葉を人形のつけ髪「かもじ」にして遊んだことに由来するようです。草丈が60cm前後まで成長し、おじぎをするように穂を垂れ下げる姿が印象的です。穂から紫がかったのぎ（芒）を針のようにツンツンと突き出し、緑色の葉と茎とのコントラストをつくっています。カモジグサの穂は大きいので、イネ科の花のつくりを観察するのに適しています。

＼楽しみ方／

穂を使って毛虫遊びをしましょう。腕に乗せて指で皮膚をキュキュッと引っ張ると、穂が虫のように動きます。

チガヤ

●出合い度 ★★★☆☆

道ばた、空き地、堤防、河川敷などに広く生えています

［科名］イネ科　［草丈］30～80㎝
［花期］4～6月　［花色］淡い茶色

花は先に雌しべが現れ、次に雄しべが突き出て、やがてふわふわの実《み》になります。

銀白色の穂は夏はほっそり 紅葉《こうよう》する冬は綿あめのように

初夏の訪れとともに、銀白色《ぎんはくしょく》の穂をなびかせる日本在来の多年草《たねんそう》。昔はこの穂を火打石《ひうちいし》の火つけ材に利用していたそうです。花の時期の穂を見ると、赤紫色の雄しべと雌しべがわかり、ほっそりとした姿をしていますが、果実期に入ると毛が綿あめのようにふわっとふくらみます。３～４月頃に穂を出すケナシチガヤ、５～６月頃に穂を出すフシゲチガヤに分けられます。

＼楽しみ方／

若い穂は「ツバナ」と呼ばれ、昔は子どもが、ほんのり甘みのある穂をガムのようにかんでいたそうです。

シバ

●出合い度 ★★★★☆

日当たりのいい道ばた、草地、公園などによく生えています

［科名］イネ科　［草丈］15～20㎝

［花期］5～6月　［花色］淡い茶色、紫色

小穂につく小花《しょうか》は1つだけであとは退化しています。先が尖った葉は踏まれても丈夫です。

初夏

踏まれてもド根性で増える これぞ日本生まれの芝生《しばふ》

「ノシバ」とも呼ばれ、日当たりのいい山野に自生する日本の在来種。庭やグラウンドなどの芝生用にさまざまな品種が栽培され、野生化もしています。ほふく茎《けい》の節々《ふしぶし》から根を地中におろし、屈折しながら地面をはうように広がります。茎と葉はかたく、踏みつけに強いのが特徴です。花の時期を迎えると細い茎を直立させ、その先に細長い茶色の穂をつけます。

＼楽しみ方／

芝生にもしっかり花が咲きます。色は地味ですが、空に向かってすくっとたたずむ姿は思わぬ発見です。

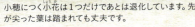

ヒメコバンソウ

出合い度 ★★★☆☆

日当たりのいい道ばた、草地、公園などで出合えます

［科名］**イネ科**　［草丈］**20～50㎝**
［花期］**5～7月**　［花色］**淡い緑色**

茎は直立し、葉もほぼ垂直に伸びます。茎先に三角状の卵形をした小穂をつけます。

鈴のような素朴な表情がドライフラワーに人気

江戸時代に渡来したヨーロッパ原産の1年草。「ヒメ」とつくのでコバンソウの妹分のような存在で、コバンソウより茎も葉もほっそりしています。穂は5～10㎜ほどの大きさで、小判《こばん》というより小さな鈴のように見えるので「鈴茅《すずがや》」という別名がつきました。コバンソウほどゴージャスさはありませんが、風にたくさんの鈴が揺《ゆ》れているような姿が見られます。

楽しみ方

小穂《しょうすい》は4～8個の小花《しょうか》をつけ、熟すと黄金色に。ドライフラワーにしてリースづくりに活用してみましょう。

初夏

カラスムギ

●出合い度 ★★★☆☆

道ばた、空き地、田畑の周辺などに多く見られます

［科名］イネ科　［草丈］50～100cm

［花期］4～6月　［花色］淡い緑色

小穂につく小花は全部で３個。そのうち２個の小花に長いのぎ（芒）がついています。

優れた水分感知機能は発芽を助ける草花の神秘

古い時代に牧草として導入された、ヨーロッパ原産の帰化《きか》植物。茎の先に長さ２～３㎝の小穂《しょうすい》が輪生《りんせい》してぶら下がっています。小穂につく２個の小花《しょうか》それぞれに折れ曲がったのぎ（芒）が伸びています。水分を感知するとらせん状に巻かれていたのぎがほどけて回転、その動きで根もとの種《たね》を押して、地中に潜り込もうとする巧妙な仕組みで発芽をサポートしています。

楽しみ方

小穂から伸びるのぎ（芒）を触るとザラザラ。ルーペで観察すると、のぎ自体がくるくると巻かれているのがわかります。

ムギクサ

●出合い度 ★★★☆☆

道ばた、田畑の周辺、空き地などで出合えます

［科名］**イネ科**　［草丈］**10～40cm**
［花期］**4～6月**　［花色］**淡い緑色**

春は淡い緑色をしていますが、初夏を迎えると穂が熟して茶色に輝きます。

姿はムギにそっくりだけど食べられないので注意！

明治時代に横浜で発見されたヨーロッパ原産の植物で、海に近い空き地や道ばたなどによく生えています。茎は斜めに広がり、その先に針のような長いのぎ（芒）にびっしりと覆《おお》われた毛深い花穂《かすい》をつけます。名前は「ムギに似た草」に由来しているといわれ、オオムギやライムギによく似ていますが、食べられません。穂は熟すとバラバラと落ちて、茎は茶色くなります。

楽しみ方

猫ジャラシといえばエノコログサ（P.165）ですが、ムギクサも猫をじゃらして遊ぶのにぴったりの形をしています。

初夏

ネジバナ

●出合い度 ★★★☆☆

日当たりのいい草地、芝地などに生えています

［科名］ラン科　［草丈］10～30cm
［花期］5～7月、9～10月　［花色］紅色

根もとに数枚の葉をつけ、その間から伸びる茎の上部で、花がらせん状に咲きます。秋に咲くものもあります。

初夏

らせん状に咲く花に注目！受粉の工夫もいっぱい

小さな花が茎に沿ってらせん状に咲く多年草《たねんそう》です。株によって右巻き、左巻きと巻き方が変わるようです。雄しべの先端に粘りのある花粉のかたまりがあり、昆虫の体につけて運ばせます。雌しべはより強力な接着剤で花粉を受け取り、確実に受粉する工夫をしています。花を終えたあとにつける実《み》もらせん状なので、ねじれて並ぶ姿が目印になります。

＼楽しみ方／

花は、紅色の兜《かぶと》から白い花びらを舌のようにベロンと出したユニークな形。凝ったデザインに注目して観察しましょう。

夏

つる植物が緑のカーテンをつくり、
大きな葉っぱがわさっと茂って
草むらになります。
そして、鮮やかな色彩の大きな花々が
パッと開き、いつもの散歩道が
ひときわにぎやかになります。

\ 見つけよう！/

夏を彩る草花たち

お家のまわりや公園、空き地や河原も、
元気な草花にワサワサと覆《おお》われてにぎやかに。
いろんな草花を観察できる
絶好のシーズンです。

つる植物がぐんぐん！

クズ（P.126）やアレチウリ（P.136）など、巻きひげを近くにあるものに巻きつけて上に伸び、気づけば緑のカーテンに。

背高のっぽのそっくりさん

オオアレチノギク（P.154）はつぼみのように頭《とう》花《か》が閉じていますが、ヒメムカシヨモギ（P.155）は白い舌状《ぜつじょう》花《か》をチラッと見せます。

花のあとにかわいい実がなる草花たち

カラスウリ（P.135）は赤い実《み》が、ホオズキ（P.144）は提灯《ちょうちん》みたいな袋つきの実《み》、ヨウシュヤマゴボウ(P.121)はブドウのような房の実です。

イネ科のメジャー選手が続々登場！

猫が大好きなエノコログサ（P.165）、雑草の女王メヒシバ（P.162）などが、風に穂を揺《ゆ》らします。

地面をはうように広がる草花も

スベリヒユ（P.120）はかわいい黄色い花を、チドメグサ（P.137）は目立たないけど、小さな白い花を咲かせます。

スベリヒユ

●出合い度 ★★★☆☆

日当たりのいい道ばた、空き地、畑、庭先などに生えています

［科名］スベリヒユ科　［草丈］15～30cm
［花期］7～9月　［花色］黄色

直径6~8mmの花は、天気のよい日の午前中、短い時間しか咲かない一日花《いちにちばな》です。

ピンクの茎が地面に広がる多《た》肉《にく》質《しつ》で栄養満点な真夏草

繁殖力旺盛で、真夏の雑草としてよく目立ち、日当たりのいいところに生える1年草。茎と葉は多肉質で栄養満点で、外国ではれっきとした野菜として売られています。少し酸味があり、刻むと粘りけが出て、生の葉をサラダに加えたり、ゆでて煮物やスープに使っているそうです。実《み》は熟すと帽子のような蓋《ふた》が取れ、小さな真っ黒い種《たね》がこぼれ落ちます。

＼楽しみ方／

手で触ってみると、葉や茎がすべすべしているのでスベリヒユという名になったそうですが、つぶすとぬるぬるします。

ヨウシュヤマゴボウ

●出合い度 ★★★☆☆

街中の道ばたや空き地、荒れ地などを探してみましょう

［科名］ヤマゴボウ科　［草丈］100～150cm

［花期］6～9月　［花色］淡い紅色

約5mmの花は穂になってつき、中心にある緑色のカボチャのような雌しべが実《み》になります。

夏

ブドウのような房なりの実《み》を食べられるのは小鳥だけ

明治年間に渡来した多年草《たねんそう》です。根がゴボウのように太く、外国からやって来たので「洋種《ようしゅ》」と名づけられました。葉は長さが10～30cmの先の尖った円形。茎は太く鮮やかな赤紫色でよく目立ち、葉も秋になると紅葉《こうよう》してきれいです。全草が有毒で、とくに根に強い毒がありますが、なめたり食べたりしなければ、大丈夫。英名でインクベリーと呼ばれています。

＼楽しみ方／

黒く熟した実《み》をつぶすと、赤紫色の汁が出ます。服や指につくと落ちにくく、有毒なので決して口にしないように。

花は直径5㎜ほどですが穂になってつき、ハチやシジミチョウの仲間がやって来ます。

イノコズチ

●出合い度 ★★☆☆☆

道ばたや林の中のやや日陰にひっそり生えています

［科名］ヒユ科　［草丈］50～100㎝
［花期］8～9月　［花色］緑色

夏

嫌われ者の〝ひっつき虫〟だがかわいい星形の花を咲かせる

葉は対生《たいせい》で枝も向かい合ってつき、節《ふし》がふくらんでいて茎は四角形で触るとよくわかります。花は穂になってつき、横を向いて咲きますが、実《み》が熟す頃には下を向き、穂の軸にぴったりくっつきます。この実《み》一つひとつにかたいトゲがあり、ヘアピンのように服や動物の体に引っかかってくっつきます。乾燥させた根は、漢方薬「牛膝《ごしつ》」として利用されます。

楽しみ方

花をルーペで正面から見ると、きれいな星形がよくわかります。キラキラ光る蜜も見えるかもしれません。

小さな花が密集して10㎝以上の細長い穂になります。姿が似たイヌビユの穂はずんぐりした円すい形です。

ホナガイヌビユ

●出合い度 ★★☆☆☆

市街地の道ばた、田畑の周辺などで出合えます

［科名］ヒユ科　［草丈］60㎝前後

［花期］7〜9月　［花色］緑色

日本では空地の雑草だが原産地では立派な健康食材

昭和初期に渡来した、熱帯アメリカ原産の1年草。一つの花は1〜1.5㎜で、3個の雄しべがある雄花と雌花が同じ穂につき、種《たね》も小さく1㎜ほどです。日本では空き地の雑草として見向きもされませんが、原産地では葉は野菜、種《たね》は穀物として栽培されています。自然健康食品の店で見かける「アマランサス」は、ホナガイヌビユと同じヒユ科植物の仲間の種《たね》です。

＼楽しみ方／

葉の先をルーペで見ると、浅い切れ込みがあります。よく似たイヌビユはくぼみが深いので見分けられます。

タケニグサ

●出合い度 ★★☆☆☆

道ばた、田畑の周辺、荒れ地などに多く生えています

［科名］ケシ科　［草丈］100～200cm

［花期］7～8月　［花色］白色

糸をたくさん束ねたように見える花は、雄しべです。花びらはありません。

夏

荒れ地で真っ先に成長するタケに似たのっぽな植物

2m以上にもなる大型の多年草《たねんそう》で、茎の先に小さな花がたくさん集まります。茎の中はタケのように空洞で、その様子から「竹似草《たけにぐさ》」という名前がついたともいわれています。10～30cmもある大きな葉には、キクのような切れ込みがあり、裏面に縮れた毛が密生して白っぽく見えます。茎や葉を切ると出る黄色い汁には毒があり、昔はトイレの殺虫剤に使われました。

＼楽しみ方／

「ささやき草」とも呼ばれ、ぺしゃんこで細長い実《み》がついた穂を振ると、シャラシャラと音をたてます。

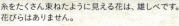

ミヤコグサ

●出合い度 ★★☆☆☆

道ばたや河原のほか、海岸にも多く生えています

［科名］マメ科　［草丈］15～35cm
［花期］5～10月　［花色］黄色

花びらは5枚。袋状に合わさった下の花びらの中に雄しべと雌しべが隠れています。

袋状の花びらが美しい雅《みやび》な名前のマメ科の多年草《たねんそう》

茎は地面を覆《おお》うように広がり、葉はだ円形の3枚とつけ根で向かい合う2枚の托葉《たくよう》が1セットの複葉《ふくよう》です。葉も茎もほとんど無毛で、花は長い柄の先に1～3個つきます。実《み》は2～3.5cmの細長いサヤになり、熟すと2つに裂けてよじれ、黒い種《たね》を弾き飛ばします。また、染色体の研究などに利用されるほか、モンキチョウは卵を産みつけ、生まれた幼虫の餌にします。

楽しみ方

最近増えている帰化《きか》植物のセイヨウミヤコグサは、花の数が3～7個、葉っぱに毛があります。観察して見分けましょう。

クズ

● 出合い度 ★★★★★

道ばたや土手、空き地、林の縁《ふち》などに多く見られます

［科名］マメ科　［草丈］つる性

［花期］8〜9月　［花色］紅紫色

花びらのつけ根にある黄色の模様は、蜜のありかをハチに教えるサインのようです。

夏

夏の強烈な日差しは苦手!?葉っぱを立てて日差しを防ぐ

ほかの植物に覆《おお》いかぶさって広がるつる性の多年草《たねんそう》です。茎の下部が枯れずに残り、低い木のようになって年を重ねます。秋の七草の一つで、太い根は葛粉《くずこ》や漢方薬「葛根湯《かっこんとう》」の材料になりますが、今は生産が少なくなっています。葉は3枚1セット。日差しの強さや動きによって葉の向きを調節できるので、夏の炎天下では葉を閉じ、白っぽい葉の裏面を出します。

楽しみ方

花はブドウジュースのような甘い香りがします。花をよく洗って、酢の物や天ぷらにするとおいしいです。

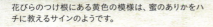

ヤブガラシ

●出合い度 ★★★★☆

やぶや畑の周辺、道ばた、フェンス沿いに生えています

［科名］ブドウ科 ［草丈］つる性
［花期］6～8月 ［花色］緑・赤・黄色

花が朝咲くと、花びらと雄しべはすぐに落ちます。オレンジ色の部分には蜜がたっぷり。

何でも絡みつく巻きひげで やぶも枯らすパワフル植物

ヤブガラシはその強力な繁殖力からついた名前といわれ、地下茎《ちかけい》からつるを伸ばして広がり、ほかの植物やフェンス、物置小屋などに覆《おお》いかぶさります。その様子が、人が手入れしない貧乏くさいところを想像させるので、ビンボウカズラとも呼ばれます。手強い雑草ですが、チョウやハチ、ハナアブの仲間には大切な食べ物。豊富な蜜を求めて虫たちがやって来ます。

夏

楽しみ方

一つの花の色が、初めは緑、次はオレンジ、虫たちが蜜をなめ尽くす頃には、薄いピンク色へと変化します。

コニシキソウ

●出合い度 ★★★★☆

道ばた、畑、空き地、庭先など身近な場所に生えています

［科名］トウダイグサ科　［草丈］10～20cm
［花期］7～10月　［花色］淡い紅色

よく似たオオニシキソウとの違いは、実《み》に白いもじゃもじゃの毛があることです。

夏

アリに花粉と種《たね》を運ばせて地面に広がる生存戦略

明治時代に渡来した、北アメリカ原産の1年草です。薄茶色の茎が枝分かれを繰り返して広がり、だ円形の葉は真ん中に紫色の模様があります。葉のつけ根につく花は、1個の雌花と数個の雄花が束になって1セット。花びらはなく、夏から秋にかけて花を順々に咲かせ、丸い実《み》をつけます。花粉や種《たね》は蜜をなめに来たアリに運ばれて、生育地域をどんどん広げていきます。

＼楽しみ方／

茎や葉をちぎると、白い乳液が出てきます。また、実《み》をルーペで見ると、白い毛で覆《おお》われているのがわかります。

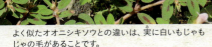

オオニシキソウ

●出合い度 ★★★☆☆

道ばた、畑の周辺、空き地などに多く見られます

［科名］トウダイグサ科　［草丈］20～50㎝

［花期］8～9月　［花色］白色

コニシキソウによく似ていますが、花は白色、実《み》の表面はつるつるしています。

コニシキソウより大きくて茎が斜めに立ち上がる

日本全土に広がったコニシキソウと同じ北アメリカ原産の帰化《きか》植物で、本州から西の地域でよく見られます。赤みを帯びた茎は枝分かれして高さは20～40㎝になり、葉は1.5～3.5㎝のだ円形で、コニシキソウの葉にある紫色の模様がないことのほうが多いです。名前の「ニシキ」は「錦」の意味で、緑の葉と赤い茎のコントラストをたとえたようです。

夏

＼楽しみ方／

実《み》を上から見ると、3つの部屋に分かれた正三角形をしています（写真左上）。熟すと裂けて茶色の種《たね》を飛ばします。

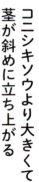

カタバミ

●出合い度 ★★★★

道ばた、畑、空き地、庭先などに多く生えています

［科名］カタバミ科　［草丈］10㎝前後
［花期］4～9月　［花色］黄色

直径約8㎜の花は日が当たると開き、4時間ほどで閉じてしまいます。実《み》は右のようなオクラの形に。

夏

クローバーに似ているが葉はかわいいハート形

日が陰《かげ》ったり夜になると、傘を閉じるように葉を折りたたみます。その様子が、片《かた》(傍)側《がわ》が食べられたように見えるので、「傍食《かたばみ》」。茎は地面をはい、10～30㎝の長い柄の先に3枚1組の葉をつけます。花には小さな虫たちが蜜や花粉を目当てにやって来ますが、その虫に花粉をくっつけて、ほかの花へと運ばせます。シジミチョウの幼虫はこの葉っぱを食べて育ちます。

＼楽しみ方／

実《み》はオクラのような形で、尖ったほうを上にして並びます。熟した実《み》に触ると、縦に裂け目が入り、種《たね》が飛び出します。

オッタチカタバミ

● 出合い度 ★★★☆☆

道ばた、畑、空き地、庭先などに増えています

［科名］カタバミ科　［草丈］10～50cm

［花期］5～10月　［花色］黄色

花も葉もカタバミそっくりですが、茎が立ち上がって10~50cmの高さになります。

北アメリカ生まれで日本育ち 茎がぐいんと立ち上がります

北アメリカ原産の帰《き》化《か》植物で、1965年に京都府で発見されてから増え続け、今では広い地域で見ることができます。カタバミによく似ていますが、茎が太くて立ち上がることと、全体に白い毛が多い点が見分けるポイントです。また、草丈が低いカタバミは人に踏まれる場所にも多く生えますが、背の高いオッタチカタバミは、あまり生えていません。

夏

楽しみ方

カタバミの仲間は葉にシュウ酸を含むので、噛《か》むと酸っぱい味がします。また、葉を揉んで10円玉を磨くとピカピカに！

メマツヨイグサ

● 出合い度 ★★★☆☆

空き地、休耕畑、河原などに多く見られます

［科名］アカバナ科　［草丈］100～150㎝

［花期］7～9月　［花色］黄色

花は直径5㎝ほど。咲き終わってしぼんでも、ほかのマツヨイグサの仲間のように赤くなりません。

夏

宵を待って咲くので「待宵草《まつよいぐさ》」朝にはしぼむ…はかない花

マツヨイグサの仲間では、今日本で一番よく見ることができる草花です。茎は直立し、かたい毛が生えていて、触るとざらざらします。花にはよい香りがあり、夜に活動するスズメガを呼び寄せて、甘い蜜を提供する代わりに、花粉を運んでもらいます。また、花はゆでて和え物などの食用にも。種《たね》からはガンマリノレン酸が豊富な月見草オイルも採れます。

＼楽しみ方／

よく似たオオマツヨイグサ（P.134）には、茎のかたい毛に赤い斑点《はんてん》がありますが、メマツヨイグサにはありません。

コマツヨイグサ

● 出合い度 ★★★☆☆

海岸の砂地のほか、道ばた、空き地などでも見られます

［科名］アカバナ科　［草丈］10〜50㎝
［花期］5〜10月　［花色］淡い黄色

花はマツヨイグサの仲間では一番小さく、直径2〜3㎝ほど。しぼむと赤くなります。

花は小さくて控えめだけど葉の形はバリエーション豊か

マツヨイグサの仲間はどれもアメリカ大陸原産です。観賞のために庭に植えられていましたが、今では各地で野生化し、コマツヨイグサも海岸や河原だけでなく、畑のまわりや空き地などに進出しています。茎は地面をはって広がり、ほかの仲間のように背は高くなりません。葉は縁《ふち》にギザギザや大きな切れ込みがあったり、波打ったりと、いろいろな形をしています。

楽しみ方

雄しべの先を指で触ってみましょう。ネバネバした糸でつながった花粉が、指にくっついてきます。

オオマツヨイグサ

●出合い度 ★★☆☆☆

海岸や河原のほか、山辺に近い道ばたにも生えています

［科名］アカバナ科　［草丈］100～150㎝

［花期］6～8月　［花色］淡い黄色

花はマツヨイグサの仲間で一番大きく、直径が8~10cmもあります。

夏

日が暮れてから咲き始め朝日を浴びるとしぼむ

北アメリカからヨーロッパに入り園芸植物として改良されたものが、日本にやって来ました。海岸や河原でもときどき見かけますが、ほとんどは観賞用の庭植えです。一般に「月見草」と呼ばれますが、本物の「ツキミソウ」は白い花が咲く別の種類。夕方にふわっと咲き始め、朝にはしぼみます。実《み》は長さ2cmほどの円柱形で、熟すと先が4つに裂け、種《たね》をまき散らします。

＼楽しみ方／

花は日が沈むと咲くので、暗くなる頃に花が開く様子を観察してみましょう。つぼみがふわっと開く姿はとても美しいです。

日が沈んでから花が開き、次の朝にはしぼんでしまう一日花です。

カラスウリ

●出合い度 ★★★☆☆

やぶや林の周辺、荒れ地、土手沿いなどに見られます

［科名］**ウリ科**　［草丈］**つる性**

［花期］**8～9月**　［花色］**白色**

レース飾りの可憐な一《いち》日《にち》花《ばな》は甘く香ってスズメガを誘う

やぶに多いつる植物で、巻きひげでほかの植物に絡みつきます。切れ込んだ葉は長さ・幅とも6～10㎝ほどで、つやはなく、ざらざらしています。夜、甘い香りの花が咲き、蜜を吸ったスズメガに花粉を運ばせます。実《み》は、始め白い縦縞が入った緑色ですが、次にオレンジ、熟すと鮮やかな赤色に変化します。おいしそうに見えますが、食べられないので注意しましょう。

＼楽しみ方／

熟した実《み》を割ってみると、ぬるぬるした果肉に包まれた、かたくて黒い種《たね》があります。種《たね》はカマキリ顔をしています。

夏

アレチウリ

●出合い度 ★★★☆☆

河川敷、堤防沿い、空き地などに群生しています

［科名］ウリ科　［草丈］つる性

［花期］7〜10月　［花色］淡い緑から白色

約1cmの実《み》に1個の種《たね》が入り、1株でたくさんの種《たね》ができます。五角形の大きな葉も特徴です。

夏

金《こん》平《ぺい》糖《とう》のような実《み》のトゲが服を貫いて肌に突き刺さる

北アメリカ原産の1年生つる植物で、豆腐の原料として輸入された大豆に紛れ込んで侵入し、1952年静岡県清水港で発見されました。空き地や河川敷に群生し、巻きひげで絡みつきながらほかの植物を覆《おお》います。花には雄花と雌花があり、別々に集まって葉のつけ根から出ています。繁殖力が旺盛で、在来の植物に影響を与えることから「特定外来生物」に指定されています。

楽しみ方

実《み》(写真右下)をルーペで観察してみましょう。表面が長くて白い毛と、かたくて鋭いトゲに覆われているのがわかります。

チドメグサ

●出合い度 ★★★★☆

道ばたのすき間、空き地、庭先などで繁殖しています

［科名］ウコギ科　［草丈］這性
［花期］6～9月　［花色］白色

小さい花がボール状に10数個集まって咲きます。実《み》は約1㎜、少し平たい卵形です。

地面近くに花を咲かせる花の蜜はアリ専用!?

少し湿った庭や道ばたによく生えています。茎はよく枝分かれして地面をはい、節《ふし》からひげ根を出して広がります。葉は1～1.5㎝の円形で、縁《ふち》は浅い波形、表面にはテカテカのつやがあります。小さな白い花は葉のつけ根につきますが、地面近くに咲くので目立たず、チョウやハチには気づかれません。この花の蜜はアリ用で、アリになめさせて花粉を運ばせるのです。

夏

＼楽しみ方／

中国では漢方薬にも利用されますが、日本では芝生《しばふ》に生える雑草です。血止めとして使うのはやめましょう。

花は直径3~4㎜、実《み》は丸く、ふつう2つずつくっついていて、熟すと黒くなります。

アカネ

●出合い度 ★★☆☆☆

やぶや林の周辺、空き地、土手、垣根《かきね》沿いに多く見られます

［科名］アカネ科　［草丈］つる性

［花期］8~10月　［花色］白から黄色

夏

染物に用いられる茜色《あかね》はアカネから採れる染料の色

やぶや道ばたで見られるつる植物です。茎に逆向きのトゲがびっしり生え、まわりのものに引っかけながらよく伸び、よく茂ります。葉は長い柄を持つ細長い三角形で、1カ所に輪になって4枚つきます。根は太いひげ根で赤みを帯びた黄色をしていますが、乾くと赤紫色になります。名前のアカネは「赤根」の意味で、染物や漢方薬に利用されています。

＼楽しみ方／

茎を触ってみると、逆向きのトゲがたくさんあるため、ざらざらします。また、四角形をしていることもわかります。

花は1㎝ほどのつり鐘形《がねがた》。秋には直径7㎜ほどのつやのある丸い実《み》が茶色に熟します。

ヘクソカズラ

●出合い度 ★★★☆☆

やぶや林、人家の周辺、植え込み、フェンス沿いに生えています

［科名］アカネ科　［草丈］つる性

［花期］7～9月　［花色］白色

残念な名前に似合わない かわいらしい花と琥珀《こはく》色の実《み》

葉やつるをちぎったり、実《み》をつぶしたりするとオナラの匂いがすることから「屁糞蔓《へくそかずら》」と呼ばれる、フェンスやほかの植物に絡みつくつる植物です。花の形と色が火のついたお灸《きゅう》に似ているので「灸花《やいとばな》」という別名や「早乙女《さおとめ》葛《かずら》」という優雅な名前もあります。つるはかたく、実《み》の美しい琥珀色とつやがあまり変化しないので、リースの飾りにも使われます。

＼楽しみ方／

花を一つ摘んで、唾《つば》をつけて手や顔に押しつけると、ピタッとくっつきます。花に匂いはありません。

アサガオ

●出合い度 ★★★☆☆

道ばた、空き地、植え込み、公園などで野生化しています

［科名］ヒルガオ科　［草丈］つる性

［花期］7～9月　［花色］赤紫色、水色、桃色など

花は直径5～10cm。八重咲きやキキョウ咲きなど、いろいろな品種があります。

夏

奈良時代に薬用植物で渡来し江戸時代には園芸植物で人気

広く親しまれているつる性1年草です。種《たね》を薬にするため、奈良時代に中国から持ち込まれ、江戸時代には花や葉を改良した変化《へんか》朝顔が楽しまれました。つるの長さは1～3m、ほかのものに巻きつきながら上に伸びます。花は体内時計を持ち、暗闇を感じて約10時間後に開きます。そのため、日が早く沈む時期には、朝の暗いうちから咲き始めます。昼にはしぼむ一日花《いちにちばな》です。

＼楽しみ方／

次の日に咲きそうなつぼみを開いて、雄しべと雌しべの長さを比べてみましょう。朝と夜では長さが違います。

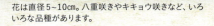

ノアサガオ

●出合い度 ★★★☆☆

道ばた、空き地、植え込み、フェンス沿いに見られます

［科名］ヒルガオ科
［草丈］つる性
［花期］6～9月
［花色］青紫色

アサガオとの違いは、花びらのつけ根のガクが反り返らないところです。

花色が青から赤へと変化 緑のカーテンとしても大活躍

暖かい地方の海岸に自生する、つる性の多年草《たねんそう》ですが、近頃は別の園芸品種が栽培されて増えています。1年草のアサガオとよく似ていますが、10m以上もつるを伸ばして成長し、11月頃まで長い間咲き続けます。花は、咲き始めは青ですが、時間がたつと赤みを帯びてきて夕方しぼみます。この仲間は、性質が丈夫で葉もよく茂るので、緑のカーテンに利用されています。

楽しみ方

きれいな色の押し花ができます。花を摘んだらすぐに、クッキングペーパーにはさんでアイロンをかけましょう。

ルコウソウ

●出合い度 ★★★☆☆

道ばた、空き地、畑の周辺などに野生化しています

［科名］ヒルガオ科　［草丈］つる性

［花期］7〜9月　［花色］赤みが強い橙色

花は直径約2㎝、葉は魚の骨のように分かれ、細長い糸状になっています。

夏

赤い星形の花と糸状の葉がチャームポイント

漢字では「縷《る》紅草《こうそう》」。縷とは細い糸のことで、特徴的な葉の形と鮮やかな紅色の花が咲くことからついた名前のようです。熱帯アメリカ原産のつる性1年草ですが、花の時期が長く、昔から観賞用に植えられていました。丈夫でよく育ち、また自然にこぼれる種《たね》でもよく芽を出すので、野生化しているものもあります。つるを伸ばしてよく育ち、きれいな花を次々に咲かせます。

＼楽しみ方／

花は上から見ると星形ですが、横から見るとラッパのように細長く、先端に向かって次第に広がっています。

ワルナスビ

●出合い度 ★★★☆☆

道ばた、空き地、畑の周辺などに広く繁殖しています

［科名］ナス科　［草丈］40～70㎝

［花期］6～10月　［花色］淡い紫色

花は直径約2㎝でナスの花に、実《み》は1.5㎝ほどで黄色のプチトマトにそっくりです。

全身を鋭いトゲと毒で武装 名前どおり庭や畑の厄介者《やっかいもの》

北アメリカ原産の多年草《たねんそう》で、明治時代に、牧草に混じって日本にやって来ました。茎や葉には触ると痛いトゲが多く、地中の茎を伸ばしてどんどん増えます。庭や畑に入り込むと始末に負えないナス科の植物なので、この名前がついたようです。全草にジャガイモの芽と同じソラニンという毒が含まれているため、実《み》はおいしそうな黄色に熟しても食べられません。

＼楽しみ方／

黄色いバナナのような雄しべをルーペで観察すると、先に小さな穴が空いています。そこから花粉が飛び出すのです。

夏

ホオズキ

●出合い度 ★★★☆☆

人家や畑の周辺、道ばたなどを探してみましょう

［科名］ナス科　［草丈］60～80㎝

［花期］7～9月　［花色］淡い黄色がかった白色

葉のつけ根から長い柄を出して、直径1.5㎝ほどの五角形の花を下向きにつけます。

お盆飾りで供える赤い実《み》は ご先祖様を迎える提灯《ちょうちん》

アジア原産の多年草《たねんそう》で、古い時代に日本にやって来ました。白い花が咲き終わると、ガクが大きくふくらんで実《み》を包みます。実《み》は直径1～2㎝でガクと同じ鮮やかな朱色《しゅいろ》をしています。地中の茎と根は漢方薬に利用されますが、毒と薬は紙一重、全草に毒成分があるので注意しましょう。お店で売られている食用ホオズキは、ペルー原産の別の種類です。

＼楽しみ方／

ホオズキと野菜のピーマンはナス科の仲間。ホオズキの朱色の袋はピーマンのへたの部分、中の丸い実《み》はピーマンの実《み》です。

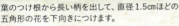

トキワハゼ

●出合い度 ★★☆☆☆

道ばたや畑の周辺、空き地のやや湿った場所で出合えます

［科名］サギゴケ科　［草丈］15㎝前後

［花期］4～10月　［花色］淡い紫色がかった白色

ムラサキサギゴケに似た花ですが、大きさは半分の約1㎝、色も少し薄いです。

冬以外はよく見られるから永遠を意味する常盤《ときわ》と呼ぶ

道ばたなどでときどき見かける小型の1年草。茎は、地面をはうムラサキサギゴケ（P.98）と違い、根もとから立ち上がります。花びらは上下に分かれた唇形で、下の花びらは大きくて白っぽい色をしています。真ん中に黄色い模様があり、その奥に虫が大好きな蜜を蓄えています。名前の由来は、実《み》が熟すと弾け（はぜ）て種《たね》を飛ばすので「常盤はぜ」という説もあります。

楽しみ方

花を正面からルーペで見ると、黄色い模様の上に、先端が球状になった短い毛が生えているのが観察できます。

花は直径2~2.5㎝で、茎の先に集まってつき、下から上へ不規則に咲き上がります。

ビロードモウズイカ

●出合い度 ★★★☆☆

道ばた、空き地、荒れ地などで出合えます

［科名］ゴマノハグサ科　［草丈］150〜200㎝

［花期］6〜9月　［花色］黄色

夏

大きく広げられた葉はビロードのようにふかふか

地中海沿岸原産の2年草で、明治時代に観賞用として渡来しました。地際《じぎわ》につく葉は長さ約40㎝、幅15㎝ほどもあり、上にいくほど小さくなります。全体に白っぽい毛が密に生え、ビロードのような手触りと雄しべ（雄蕊《ゆうずい》）に毛が多いことからついた名前のようです。長い花穂《かすい》に油を染み込ませて松明《たいまつ》にしたことから、「魔女のロウソク」と呼ばれることもあります。

＼楽しみ方／

原産地では、皮膚やのどの薬として利用されています。また、花や葉を摘んで乾かし、黄色の染料にすることもあります。

ツタバウンラン

●出合い度 ★★★☆☆

やや湿った場所を好み、日陰でも繁殖しています

［科名］オオバコ科 ［草丈］ほふく性
［花期］5～10月 ［花色］淡い紫色

下の花びらは真ん中がふくらみ黄色の模様が。これは虫たちに蜜のありかを示すサインです。

ピンと立った花びらは ウサギのかわいい耳のよう

最近、街中の道ばた、石垣やコンクリートのすき間などでよく見られます。ヨーロッパ原産の多年草《たねんそう》で、大正時代に観賞用として渡来しました。赤みを帯びた細い茎は地面をはい、節《ふし》から根を下ろして広がります。葉はツタの葉のように浅く切れ込んだ円形で、触るとすべすべしています。花は横向きにつき、咲き終わると柄が伸びて、直径5㎜ほどの実《み》が垂れ下がります。

楽しみ方

花を横から見ると、後ろに細長いでっぱりがあります。この中には虫を誘うための蜜が溜まっています。

トキンソウ

●出合い度 ★★★☆☆

田んぼの周辺や空き地、庭などの湿った場所で出合えます

［科名］キク科　［草丈］5〜20cm

［花期］7〜9月　［花色］茶色がかった紫色

花は頭花といって、小さい花が球状に集まり、1つの花のように見えています。

夏

金貨のような黄色い実《み》を吐き出すので「吐《と》金《きん》草《そう》」に!?

庭や道ばた、水田などの湿ったところでふつうに見られる1年草です。茎は、枝分かれをくり返して地面をはい、節《ふし》から根を下ろしながら広がります。葉は長さ1〜2cm、野菜のシュンギクのような形で、花は葉のつけ根にボール状に集まってつきます。花の真ん中の暗い赤色部分には、雄しべと雌しべのある両性花《りょうせいか》が密集。そのまわりを囲むのは雌しべだけの雌花です。

楽しみ方

花が咲き終わって、実《み》が熟した頭花《とうか》を指で押しつぶすと、小さな黄色い実《み》が外れてぱらぱら落ちます。

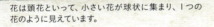

タカサブロウ

●出合い度 ★★★☆☆

少しジメジメとした湿った場所と土を好みます

［科名］キク科　［草丈］20～70㎝

［花期］7～9月　［花色］白色

小さい花が集まった頭花《とうか》は約1㎝。舌状花《ぜつじょうか》が2列、ひらひらとまわりを囲みます。

小さな小さな花が密集した白いヒマワリのような花

田んぼの中やそばの溝、道ばたなどに生える1年草。茎や葉にかたい毛が生えていて、触るとざらざらします。花が咲き終わるとヒマワリの実《み》に似たこげ茶色の実《み》をつけますが、飛ぶための綿毛がないので水に浮かび、水流を利用して実《み》をばらまく戦略を取っています。都会では、熱帯アメリカ原産のアメリカタカサブロウもよく見かけますが、在来種よりやや小ぶりです。

楽しみ方

茎を折ると傷口から汁が出てきます。空気に触れた汁はすぐ黒くなるので、絵の具のように紙に絵が描けます。

頭花《とうか》の直径は5㎜ほど。たくさんの黄色い管状花《かんじょうか》を5個の白い舌状花《ぜつじょうか》が囲みます。

ハキダメギク

●出合い度 ★★★☆☆

道ばた、公園、畑、庭先など身近な場所で出合えます

［科名］キク科　［草丈］10～60㎝

［花期］6～10月　［花色］白色で中心は黄色

夏

名前に似合わずかわいい花は均整の取れた勲章《くんしょう》のよう

北アメリカ原産の1年草です。掃《は》き溜《だ》めで発見されたことから、植物学者の牧野富太郎《まきのとみたろう》博士がハキダメギクと名づけました。全体に柔らかい毛が生えていて、触るとざらざらします。条件がよければ、発芽から種《たね》づくりまでおよそ1カ月。1年で何回も発生し、子孫をどんどん増やし綿毛で実を飛ばします。その繁殖力で、今では世界中に分布している雑草となりました。

＼楽しみ方／

花のまわりを触るとべたべたします。これは花粉を運ばない小さい虫を捕らえる必殺技。蜜や果汁をタダ食いさせません。

先が5つに分かれた黄色い管状花のまわりを白い舌状《ぜつじょう》花《か》が囲みます。

シロバナセンダングサ

●出合い度 ★★★☆☆

道ばた、空き地、畑の周辺、荒れ地などに増えています

［科名］キク科　［草丈］100cm前後

［花期］6～11月　［花色］白色

白い小さな花が実《み》になっていがいが頭の〝ひっつき虫〟に

熱帯アメリカ原産で、江戸時代の末に日本にやって来た1年草。よく似たコセンダングサには、黄色い管状花《かんじょうか》しかないのが見分けのポイントです。茶色に熟した細長い実《み》の先は2～3つに分かれ、魚を突き刺すヤスのようです。実《み》全体に下向きのトゲがあり（写真左下）、釣り針の返しのような仕組みで服や髪の毛にくっつきます。また、動物を利用して種《たね》を遠くまで運ばせます。

夏

楽しみ方

熟した実《み》はセーターやフリースによくくっつきます。一度くっつくとチクチク痛くて、なかなか取れません。

オオキンケイギク

●出合い度 ★★☆☆☆

花壇のほか、植え込みや道路沿いに野生化しています

[科名] キク科　[草丈] 30～70cm

[花期] 6～7月　[花色] 濃い黄色

コスモスに似た頭花《とうか》は直径5～7cm。実《み》は平らなだ円形で熟すと黒くなります。

夏

道路沿いに群生する コスモスのような黄色の花

北アメリカ原産の多年草《たねんそう》で、明治時代に観賞用として日本にやって来ました。花はコスモスに似ていますが、葉は細かく切れ込まず、細長いだ円形で根もとに集まってつきます。花がきれいで丈夫なので、緑化植物として盛んに植えられましたが、もともとあった植物のすむ場所まで奪うため、今は法律で「特定外来生物」に指定され、栽培や運搬などが禁止されています。

＼楽しみ方／

よく似たコスモスの仲間との違いは、6～7月に花が咲くことや葉の形、葉に白い毛が生えている点などです。

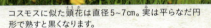

オオハンゴンソウ

●出合い度 ★★☆☆☆

道ばた、林、河川敷などのやや湿った場所に生えています

［科名］キク科　［草丈］100〜200㎝

［花期］7〜9月　［花色］黄色

頭花《とうか》は直径6㎝ほど。中心部が丸く盛り上がり、舌状《ぜつじょう》花《か》の花びらが少し垂れるのが特徴です。

2mの高さになって群生する 抜いても負けないタフなヤツ

北アメリカ原産の多年草《たねんそう》で、明治時代に観賞用として日本にやって来ました。少し湿った場所や日陰でもよく育って群生します。地中の茎と種《たね》で増えますが、抜き取っても地下茎《ちかけい》が少し残っていれば芽を出し、さらに自分のまわりの植物を弱らせるような化学物質を根から出します。きれいな花ですが、現在は「特定外来生物」に指定され、除去されています。

夏

＼楽しみ方／

葉を触ってみると、表側はツルツルですが、裏側には毛があってざらざらしているという特徴がよくわかります。

ツボ形の頭花《とうか》は長さ約5mm。舌状花は、総苞《そうほう》に隠れてほとんど見えません。

オオアレチノギク

●出合い度 ★★★★☆

道ばた、空き地、荒れ地、河川敷などに多く見られます

［科名］キク科　［草丈］100〜180cm

［花期］8〜10月　［花色］白色

夏

南アメリカ生まれで荒れ地フロンティア植物の弟分

南アメリカ原産の越年草《えつねんそう》で、大航海時代に全世界に広がり、日本には大正〜昭和初期にやって来ました。高さは1〜2mにもなり、明治の初め頃にやって来た先輩のアレチノギクより大型なので、この名前がつけられました。茎と葉には柔らかくて短い毛がびっしり生え、茎の上の方にたくさんの小さな花をつけて、実《み》が熟すと短い綿毛をつけた実《み》を飛ばします。

楽しみ方

ヒメムカシヨモギによく似ていますが、舌状花《ぜつじょうか》が見えず、全体に大型で灰色がかったところが見分けるポイントです。

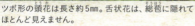

頭花《とうか》の直径は約3㎜。舌状花は頭花の外に出てはっきり見えます。

ヒメムカシヨモギ

●出合い度 ★★★★★

道ばた、空き地、荒れ地などに多く見られます

［科名］キク科　［草丈］100〜180㎝

［花期］8〜10月　［花色］白色

明治の初めにやって来た荒れ地フロンティア植物の兄貴

北アメリカ原産の越年草《えつねんそう》で、日本には明治の初め頃やって来ました。鉄道網を広げるために木が切られ、土地が荒れ地になったため、よそ者でも入ることができました。鉄道沿いに広がったので、「鉄道草《てつどうぐさ》」という別名も。綿毛つきの実《み》はふわふわ遠くへ飛んでいき、物にくっつき、空き地があれば着地して芽を出すたくましさ。全世界に広まったフロンティア植物です。

楽しみ方

オオアレチノギクに似ていますが、白い舌状花《ぜつじょうか》が見えることや茎の毛がまばらな点などで見分けられます。

夏

オニノゲシ

●出合い度 ★★★☆☆

道ばた、田畑の周辺、空き地などに生えています

［科名］キク科　［草丈］60～100cm

［花期］4～11月　［花色］黄色

頭花《とうか》は直径2cmほど。まわりの総苞《そうほう》や頭花の柄はベタベタしています。

夏

ノゲシに似ているが葉っぱにトゲがあるから「鬼」

ヨーロッパ原産の1年草または越年《えつねん》草《そう》で、明治時代に渡来。ノゲシ（P.64）に似ていますが葉にトゲがあり、全体に少し大きく荒々しい印象なので、「鬼」をつけて呼ばれるようになりました。花は晴れた日の朝に咲き、夕方には閉じます。主な開花期は春～秋ですが、気温が高ければ年中咲いて、綿毛のついた実《み》を飛ばします。葉や茎を切ると白い乳液が出てきます。

＼楽しみ方／

ノゲシ（ハルノノゲシ）に似ていますが、葉にはつやがあり、触るとかたく、トゲがチクチクと痛いところが違います。

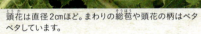

ブタナ

● **出合い度** ★★★☆☆

道ばたなどの日当たりのいい場所が大好きです

[科名] **キク科**　[草丈] **50~80cm**

[花期] **5~10月**　[花色] **黄色**

頭花は直径3~4cm。花のあとの実《み》には、トゲ状のでっぱりがたくさんあります。

花はタンポポそっくり フランス名は「ブタのサラダ」

ヨーロッパ原産の多年草《たねんそう》で、頭花《とうか》の形から「タンポポモドキ」という別名もあります。タンポポの頭花は一つの太い茎に一つの花しかつきませんが、ブタナは細くひょろっとした茎が枝分かれし、それらに一つずつ頭花がつき、葉はほとんどが根もとに集まっています。河川敷や牧場などに群生しているほか、近年では道路沿いの草地などでもよく見られるようになりました。

楽しみ方

花のあとは綿帽子に。実《み》にはトゲ状のでっぱりがたくさんあるので、手に取ってルーペで観察してみましょう。

タカサゴユリ

●出合い度 ★★☆☆☆

道路沿い、畑の周辺、住宅地などに野生化しています

［科名］ユリ科　［草丈］130cm前後

［花期］7～9月　［花色］白色

テッポウユリに似ていますが、花びらの外側に紫色の筋が入ります。細めの葉が密に生えるのも特徴です。

夏

一つの実《み》に千個以上の種《たね》ができ つばさを使って風に舞う

台湾原産の多年草《たねんそう》で、観賞用として日本にやって来ました。昔、台湾のことを高砂国《たかさごこく》と呼んだので、この名前がついたようです。花屋で売られている純白のテッポウユリに似ていますが、花びらに紫色の筋《すじ》が入るところや葉が細長いところが違います。種《たね》でも球根でも増えるので日本中に広がっていますが、同じ場所で数年咲き続けて突然姿を消すこともあります。

＼楽しみ方／

実《み》は3つに裂けます。種《たね》は平らで、かたい部分のまわりにつばさがあり、これを使って風に乗り、遠くへ飛びます。

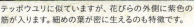

花の直径は5cmほど。ヒガンバナの仲間ですが、花のつくりはすっきりしています。

キツネノカミソリ

●出合い度 ★★☆☆☆

公園、林の中、草地などの半日陰の場所を好みます

［科名］ヒガンバナ科　［草丈］40cm前後

［花期］8～9月　［花色］朱色

夏

夏草の茂みで一斉に咲く葉っぱがないオレンジの花

早春、スイセンの葉に似た細長い葉が地面から出てきて、夏までには枯れます。夏になると、今度は花の茎が地面から30～50cm伸び、3～5つの花をつけます。葉の形がカミソリに似ていることや、夏草が茂る中でいきなり地面から出てきて、鮮やかなオレンジ色の花をつけるところが、「人を驚かす狐《きつね》火《び》のようだ」と思われて、ついた名前といわれています。

＼楽しみ方／

草全体に毒があり、間違って食べると吐いたり、腹痛や激しい下痢《げり》を起こしたりするので気をつけましょう。

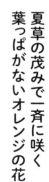

花の直径は2~3cmで、下の方から順に咲き上がります。葉のつき方がヒオウギに似ています。

ヒメヒオウギズイセン

●出合い度 ★★☆☆☆

庭園のほか、人家の周辺などで野生化しています

［科名］**アヤメ科**　［草丈］**80cm前後**

［花期］**6~8月**　［花色］**朱色**

夏

美しいけど増えすぎて困る!? 濃いオレンジが華やかな花

ヨーロッパでつくられた園芸植物で、明治時代に日本に持ち込まれました。どこでもよく育つので、全世界で野生化しています。塊状《かいじょう》の地下茎《ちかけい》が分かれて広がり、繁殖力も旺盛で、育てるのに手がかかりません。増えすぎて雑草扱いされていますが、お盆の頃に盛んに咲くので、盆花としても利用されています。「モントブレチア」という別名もあります。

楽しみ方

花の穂を観察してみましょう。花は左右交互に2列に並び、軸がジグザグになっているのがわかります。

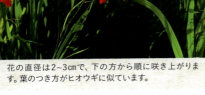

オヒシバ

●出合い度 ★★★★☆

道ばた、田畑の周辺、グラウンドなど身近な場所で出合えます

［科名］イネ科　［草丈］50～60cm

［花期］8～10月　［花色］緑色

小穂《しょうすい》が2列に並んだ穂は太さ4～5mm、よく似たメヒシバに比べて太くて短いです。

引っ張っても抜けない!? たくましい力草《ちからぐさ》

日当たりがよい乾いた土地でよく見かけます。茎も葉も丈夫で、引っ張ってもなかなか抜けないので「力草」とも呼ばれます。茎は根もとでよく枝分かれし、踏みつけられてもへっちゃらで、横に低く広がります。メヒシバ（P.162）に似ていますが、全体的にがっしりしていて雄といった印象です。近づいて茎や穂、葉を観察してみると見分けられます。

夏

＼楽しみ方／

空き箱に土俵を描き、穂を下にして立てれば、「トントン相撲」が楽しめます。倒れたり土俵の外に出たら負けです。

メヒシバ

●出合い度 ★★★★★

道ばた、田畑の周辺など身近な草むらで出合えます

［科名］イネ科　［草丈］50～60cm

［花期］8～10月　［花色］緑色

穂は長さ5~15cm、幅1mmほど。茎の先に5~10本、交互につきます。

夏

引っ張ると抜けやすいがすぐ復活する「雑草の女王」

公園や空き地、畑の中など、どこにでも生えて草むらをつくります。がっしりタイプのオヒシバ（P.161）に比べて、茎は細く葉も薄くて柔らかいので、やさしい感じがします。引っ張ると抜けやすく、草取りも簡単に思えますが、茎が倒れて地面につくと、節《ふし》からすぐに根を下ろします。茎がちぎれて少しでも残ると、どんどん増えて厄介《やっかい》です。

＼楽しみ方／

オオバコのように草相撲をして遊べます。茎を交差させて引っ張り合い、茎が切れたほうが負けです（P.240参照）。

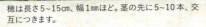

メヒシバに比べて全体に小さく、穂が茎の先の1カ所から2～3本出ます。

コメヒシバ

●出合い度 ★★★☆☆

道ばた、空き地、庭など身近な場所に生えています

[科名] **イネ科** [草丈] **10～30㎝**
[花期] **7～10月** [花色] **緑色**

家のまわりの日陰でも増える小っちゃくて人懐っこい雑草

細い茎が地面をはい、節々《ふしぶし》からしっかりと根を張るため、やさしそうに見えて抜きにくい、しぶとい雑草です。よく似たメヒシバと見分けるポイントは、メヒシバは草丈が50～60㎝になるのに対し、コメヒシバは10～30㎝と小さめ。穂も細く、長さ4～7㎝、1カ所に2～3本つきます。また、メヒシバにある、葉のつけ根で茎を包む葉鞘《ようしょう》という部分に毛はありません。

楽しみ方

穂をルーペで見ると、イネ科の花の特徴がよくわかります。赤いのは雌しべ、黄色は雄しべの花粉です。

穂は緑色でふさふさしています。実《み》が熟しても緑色のままです。

オオエノコロ

●出合い度 ★★★★☆

道ばた、空き地などに増えています

［科名］イネ科 ［草丈］50～100cm

［花期］6～9月 ［花色］緑色

夏

最古の穀物アワと雑草エノコログサとの雑種!?

近年、空き地で増えている大型の1年草です。小鳥の餌としておなじみのアワは、イネが渡来する前は日本人の主食の一つでしたが、そのアワとエノコログサの雑種ではないかと考えられています。穂はエノコログサより粗い感じで、長さはときに20cm以上にもなります。エノコログサより大きいので、大きいエノコログサという意味の名前がつきました。

＼楽しみ方／

穂の軸から分かれた小枝に、おいしそうなつぶつぶの実《み》がついているので、ルーペでよ～く観察してみましょう。

穂の長さは3~6㎝。それぞれの花に緑色のかたい毛があり、ざらざらします。

エノコログサ

●出合い度 ★★★★☆

草むらに群生したり、少数でひょろっと生えています

［科名］イネ科 ［草丈］30~50㎝

［花期］7~9月 ［花色］緑色

名前の意味は「犬ころ」だけど別名は「猫ジャラシ」

道ばたや空き地などの日当たりのいいところなら、どこでも生えています。穂が子犬のしっぽに似ていることから、「犬ころ」＝エノコロになったといわれていますが、ネコが穂にじゃれてよく遊ぶので、「猫ジャラシ」とも呼ばれます。アワの祖先なので、実《み》は小さくても食べることができ、丸々と熟した実《み》をフライパンで炒ると、ポップコーンのようにはぜます。

＼楽しみ方／

穂をやさしく持って、にぎにぎしてみましょう。毛虫のように動きます。これは毛が同じ方向に向いているからです。

夏

イヌビエ

●出合い度 ★★★★☆

田畑の中やその周辺、道ばた、空き地などで出合えます

［科名］イネ科　［草丈］50～70㎝

［花期］7～9月　［花色］緑色

穂の長さは10～25㎝。短い枝に3～4㎜の粒状の花をびっしりつけます。

夏

小鳥の餌や健康食品に利用されるヒエのご先祖様

古い時代に渡来したと思われる、どこにでも生えている雑草です。少し湿ったところが好きで、イネと一緒に水田で育つ仲間は、イネより先に熟し、種《たね》をばらまいてしまうため、農家の人は「ノビエ」と呼んで嫌います。人間の役に立たない草花に、イヌやカラス、スズメなどの動物の名前がつけられますが、食べられないヒエという意味でイヌビエとなりました。

＼楽しみ方／

穂が赤みを帯びたら、花が咲いているサインです。ルーペで観察すると、雌しべの先端が赤いのがよくわかります。

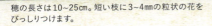

シナダレスズメガヤ

●出合い度 ★★★☆☆

荒れ地や堤防沿い、河原などに増えています

［科名］イネ科　［草丈］60〜120㎝

［花期］5〜9月　［花色］緑色

紫色を帯びた卵形の花は長さ約2.5㎜。花粉が入っている雄しべの先端部も紫色です。

しなだれて風に揺《ゆ》れる髪の毛のように細長い葉

英名は「ウィーピング・ラブ・グラス」、直訳で「すすり泣く恋の草」。南アメリカ原産の多年草《たねんそう》で、高速道路をつくるときに、土留めや緑化用として植えられました。1株で10万個以上の種《たね》をつくるものもあり、その種《たね》をばらまいたり、地下茎《ちかけい》を伸ばしたりして増えています。繁殖力が強く、もともとあった植物の生活場所を奪うため、「要注意外来生物」に指定されています。

＼楽しみ方／

穂をドライフラワーにして楽しむこともできますが、楽しんだあとの種《たね》は野外に捨てず、焼いて処分しましょう。

ギョウギシバ

●出合い度 ★★★★☆

空き地、グラウンド、砂地、芝地などで出合えます

［科名］イネ科　［草丈］15～40cm

［花期］6～8月　［花色］淡い紫色

茎の先に4本ほど出る穂は長さ3~8cmで、片側に小穂《しょうすい》が2列並んでいます。

夏

葉が茎の左右、交互にお行儀よく並んでいる

花も葉も行儀よく並ぶ様子から「行《ぎょう》儀《ぎ》芝《しば》」と呼ばれるように。茎は赤みを帯びてつやがあり、丈夫で踏まれてもつぶれません。地表《ちひょう》をはい回り、節《ふし》からひげ根を出して広がります。節から立ち上がる花茎《かけい》の高さは15～40cm。穂は茎の先の1カ所から手のひらを広げたように4～5本出ます。シバの仲間とよく似ていますが、シバの仲間は茎の先に穂を1本しかつけません。

＼楽しみ方／

オヒシバやメヒシバ（P.161／162）と同じように、丈夫な茎を交差させて引っ張り合い、草相撲をして遊べます。

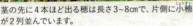

秋

照りつけていた日差しが
少しずつ落ち着くと
秋におなじみのイネ科やキク科、
マメ科の草花が待ってました！
と花の季節を迎えます。
見た目は地味ですが、
遊べる草花がいっぱいです。

見つけよう!

秋を彩る草花たち

見た目は地味でもじっくり観察するとおもしろい、個性豊かな草花たちが元気です。
ルーペを片手に花や実《み》にズームイン!

イネ科の穂を比べてみよう!

秋はイネ科の種類が豊富で穂の形もいろいろです。ボトルブラシみたいなチカラシバ（P.211）、猫ジャラシと同じ形のアキノエノコログサ（P.212）、馬のしっぽみたいなススキ（P.214）、花がまばらにつくカゼクサ（P.210）。見比べるとおもしろい!

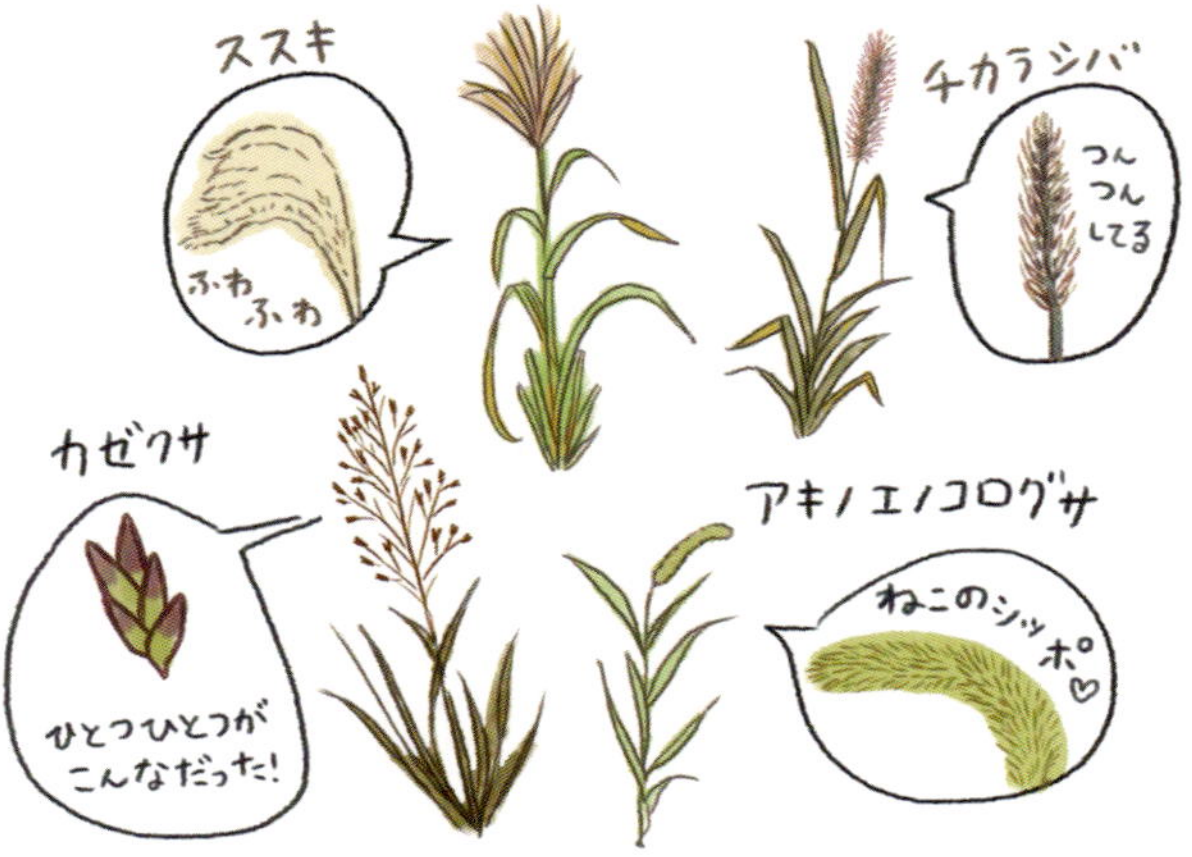

草花だって紅葉《こうよう》するよ!

2mまでぐ〜んと伸びるキク科の仲間

ひっつき虫を観察しよう!

アメリカセンダングサ（P.199）はクワガタに似たトゲが引っかかり、アレチヌスビトハギ（P.183）は豆のサヤがぺたりとはりつきます。ひっつき虫の代表、オオオナモミ（P.196）は、卵形の実のイガイガが、イネ科のチカラシバ（P.211）も小穂《しょうすい》のトゲがくっつきます。

秋はマメ科のみのりの季節!

実《み》になる前に花と葉っぱを観察してみましょう。アレチヌスビトハギ（P.183）とツルマメ（P.182）の花はチョウ形で、小葉《しょうよう》は長い卵形。ヤブマメ（P.181）の花は細長いラッパ形で小葉はひし形です。

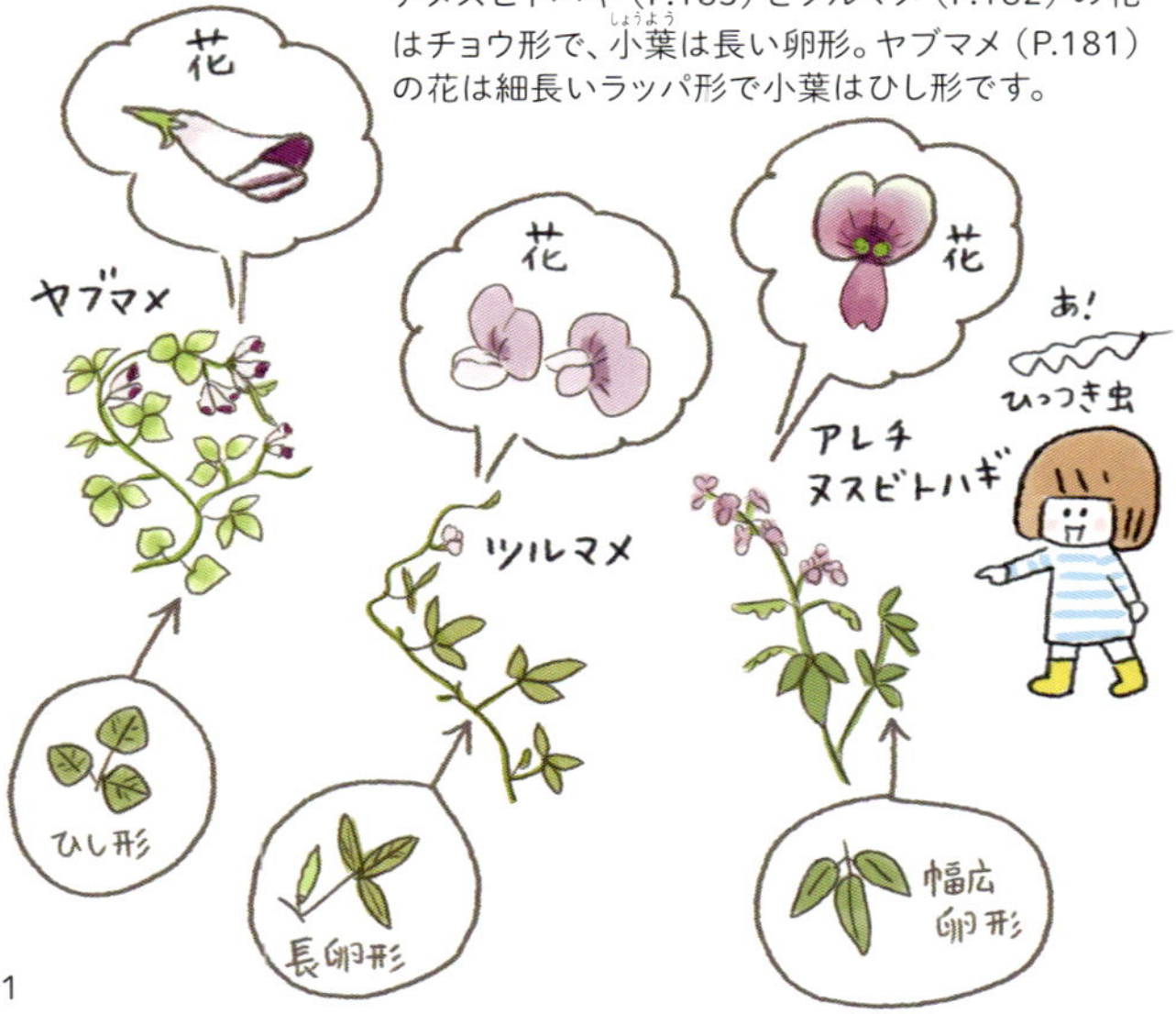

花は葉のつけ根にかたまっています。白いのは雄花の雄しべ、赤紫は雌花の花柱《かちゅう》です。

クワクサ

●出合い度 ★★★☆☆

道ばた、空き地、畑、荒地などの身近な場所に生えています

［科名］クワ科　［草丈］30～80cm

［花期］8～10月　［花色］緑色・紫色

秋

葉の形はクワに似ているがカイコは食べない

道ばたでよく見かける1年草で、茎は黒っぽい紫色です。秋になると、同じ色の花が、葉のつけ根におだんごのようにかたまってつき、よく目立ちます。雄花と雌花に分かれていますが、同じ場所に混じってつきます。人間の目ではよく分かりませんが、雄花は熟すと雄しべの白い部分が伸びて現われ、虫に頼らず花粉を飛ばし、自分の力で受粉します。

＼楽しみ方／

実《み》が熟した頃、茎などに触れてみましょう。実が割れて種《たね》が落ちる様子を観察できるかもしれません。

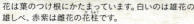

雄花と雌花の株は別々です。長い雄しべが目立つのが雄花で、小さいのが雌花です。

イタドリ

●出合い度 ★★☆☆☆

道ばた、空き地、線路際などの荒地を探してみましょう

［科名］タデ科　［草丈］50～200㎝
［花期］7～9月　［花色］白色

アスファルトも破壊する太い地下茎《ちかけい》の強烈パワー

　土砂崩れのあとの荒れ地などに、真っ先に入り込む大型の草。太い地下茎をぐんぐん伸ばして増え、群生することもあります。茎は空洞で節《ふし》があり、折るとポコッと音がするのと、葉のつけ根から枝を出して白い小さな花をびっしりつけるのが特徴です。雌花の3枚のガクは、花が終わると成長して実《み》を包み、実《み》を風に乗せる翼になります。また、地下茎は漢方薬に利用されます。

＼楽しみ方／

別名は「スカンポ」。若い茎の皮をむいてアク抜きし、生のまま食べたり、油で炒めたり。少し酸味がありおいしいです。

秋

花の穂の長さは2~4cm。まっすぐに立て、直径2mmほどの花をびっしりつけます。

イヌタデ

●出合い度 ★★★☆☆

道ばた、公園、田畑の周辺などのやや湿った場所に見られます

［科名］タデ科　［草丈］20~50cm

［花期］6~10月　［花色］紅紫色

秋

ピンク色のかわいい花は ままごと遊びのお赤飯

刺身のつまに使う辛みのある蓼《たで》はヤナギタデ。イヌタデは、似ていますが「役に立たない蓼」という意味です。一つの穂には多くの花がついていますが、同時に咲いているのは1~数個。ほかはつぼみか実《み》の状態です。赤い部分はガクで花びらではなく、咲き終わっても色はきれいなまま。花粉を運ぶ虫を誘うため、小さな花たちがかわいくお化粧してアピールしています。

楽しみ方

花の穂をほぐして、花を赤飯（アカマンマ）に見立てて遊びます。ほぐしたときに出てくるゴマのような黒い粒は種《たね》です。

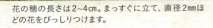

ツルドクダミ

●出合い度 ★★☆☆☆

道ばた、空き地、山野などに群生しています

［科名］タデ科　［草丈］つる性

［花期］7～11月　［花色］白色

たくさんの雄花と雌花が同じ穂に雑居します。花びらはなく、白く見えているのはガクです。

大きく育った根っこは若返り薬の原料に

中国原産のつる性の多年草《たねんそう》で、江戸時代に薬用として日本に持ち込まれ、今では野生化しています。繁殖力が強く、ほかの植物を覆《おお》ってしまうので厄《やっ》介者《かいもの》扱いですが、れっきとした薬草です。昔から不老長寿《ふろうちょうじゅ》の妙薬として知られ、市販の育毛剤にも配合されています。ドクダミの仲間ではありませんが、葉が似ていてつるを伸ばして広がるので、この名前がつきました。

＼楽しみ方／

花が終わった枝を観察してみましょう。ガクが成長して実《み》を包み、枝にコウモリがぶら下がっているように見えます。

ミズヒキ

●出合い度 ★★☆☆☆

林ややぶの縁《ふち》などの木陰を探してみましょう

［科名］タデ科　［草丈］40〜80cm

［花期］8〜10月　［花色］赤色・白色

花が咲き終わるとガクを閉じ、ヘビの舌のような雌しべを花の外にちょろりと出します。

紅白ツートンカラーの花はおめでたい水引《みずひき》のイメージ

茎の先に30cmほどの穂を出し、小さな花をまばらにつけます。花の色をお祝いごとに使う、紅白の水引に見立てて名前がつきました。花が終わってもきれいな色はそのままですが、実《み》は熟すと全体が茶色っぽくなり、花から飛び出た雌しべもかたくなります。かぎ爪のようにかたくなった雌しべをつけた実《み》は、洋服や動物の毛などにくっついて、遠くへ運ばれていきます。

＼楽しみ方／

花は横を向いて咲いています。花をルーペで観察すると、上側の3枚が赤く、下の1枚が白いのがわかります。

シロザ

●出合い度 ★★★★☆

道ばた、空き地、田畑の周辺などに生えています

［科名］ヒユ科　［草丈］50～200cm

［花期］8～10月　［花色］黄緑色

まんじゅう形のつぼみの先が、5つに分かれます。花びらのように見えるのはガクです。

若葉が白いのでシロザ 松尾《まつお》芭蕉《ばしょう》も茎を杖《つえ》にして愛用

ユーラシア原産の1年草で、古い時代に日本にやって来ました。若葉や葉の裏面は白い粉がついて白くなっていますが、指でこすると取れます。白に対して赤い種類はアカザと呼ばれ、赤紫色の粉がついて赤く見えます。若い葉や実《み》は食用になり、枯れた太い茎は杖になります。軽くて丈夫なので、僧侶で歌人の良寛《りょうかん》和尚《おしょう》や松尾芭蕉も愛用したといわれています。

楽しみ方

ホウレンソウと同じ仲間で、味も似ています。春の若葉をゆでておひたしや和え物に、実《み》はさっとゆでて佃煮《つくだに》にしても。

キンミズヒキ

●出合い度 ★★☆☆☆
草地、林のまわりなどに茂っています
［科名］バラ科　［草丈］30～80cm
［花期］7～10月　［花色］黄色

花は直径1cmほどで小さいですが、鮮やかな黄色が穂状に集まるので、比較的見つけやすいです。

秋

花は小さくてかわいいけど実《み》はトゲのある〝ひっつき虫〟!?

細長い花の穂に、たくさんの花が集まってつきます。花の穂の様子がタデ科のミズヒキ（P.176）に似ていて花が黄色なので、この名前がつきました。花は下から順に咲いていき、実《み》が熟すと下を向きます。実《み》にかぎ針のようなトゲがあり、服によくくっつきますが、これは動物や人に種《たね》をくっつけて遠くへ運ぶ作戦です。全草が薬やお茶としても利用されます。

＼楽しみ方／

花のあと、かぎ針のようなトゲを持つガクが実《み》を包みます。トゲの先をルーペで見ると、くっつく仕組みが確認できます。

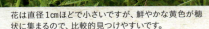

ヤハズソウ

●出合い度 ★★★☆☆

日当たりのいい道ばた、空き地、河原などで出合えます

[科名]マメ科　[草丈]10～40㎝
[花期]8～10月　[花色]淡い紅紫色

葉のつけ根に、5㎜ほどの花が1～2個つき、大きな花びらには筋模様があります。

ちぎるとV字形に切れ込み矢筈《やはず》の形になる葉っぱ

矢が弦《つる》を受ける部分を矢筈といい、その形のように葉が切れるのでついた名前です。道ばたなどで見かける1年草で、下向きの毛が生えた茎はよく枝分かれし、草むらをつくります。葉は小さな葉が3枚で1セット。花はチョウ形で、虫が下の花びらにとまって押し下げることで、雄しべや雌しべが出てきます。実《み》は4㎜ほど。まだら模様の種《たね》が1個入っています。

\楽しみ方/

小さな葉の先を指でつまんで、やさしく引っ張ると、葉の筋《すじ》(葉脈《ようみゃく》)に沿って必ずV字形に切れます。

秋

メドハギ

●出合い度 ★★★☆☆

日当たりのいい河原や土手などで出合えます

［科名］マメ科　［草丈］60～100cm

［花期］8～10月　［花色］黄色がかった白色

花は長さ6~7㎜。葉のつけ根に2~3個集まってつき、上を向いて咲きます。

秋

かたくて丈夫な茎は陰《おん》陽《みょう》師《じ》が占いの道具に利用

茎がまっすぐ立って木のようにかたくなり、小葉《しょうよう》が3枚1組になって、茎の先までびっしりつきます。占いに使う棒を「めとぎ」といいますが、かたくてまっすぐなこの茎を利用したといわれています。また、沖縄地方では、茎でお盆の供え膳に添える箸をつくる風習も残っています。ヤハズソウ（P.179）に似ていますが、メドハギは葉をちぎってもV字形に切れません。

＼楽しみ方／

一見、ヤハズソウに似ていますが、花は白っぽく、上側の大きな花びらに赤紫の模様があるのが見分けるポイントです。

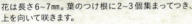

ヤブマメ

●出合い度 ★★★☆☆

道ばた、野原、林ややぶの縁《ふち》などにひっそり生えています

［科名］マメ科 ［草丈］つる性
［花期］9～10月 ［花色］淡い紫色

地上につく花は長さ1.5~2cm。実《み》はサヤエンドウのようで、つるにぶら下がります。

秋

土の中にも花が咲き栗のような味の種《たね》になる

空き地ややぶのまわりでふつうに生えるつる性の1年草。茎には下向きの毛が生え、ほかの植物に絡まっているのをよく見かけます。小葉《しょうよう》が3枚1組、同じような場所に生えるツルマメと似ていますが、そちらの小葉は細長い卵形で、ヤブマメはひし形です。地上の実《み》は約3cmのサヤに5mmほどの種《たね》が3～5個、地中の実《み》はサヤが丸く、1cmほどの種《たね》が1個だけ入っています。

楽しみ方

地中の実《み》は栗のような味で食べられます。薄皮を取り、ゆでたり炊き込みご飯にしたりします。

ツルマメ

●出合い度 ★★★★☆

道ばた、野原、林ややぶの縁《ふち》などにふつうに生えています

［科名］**マメ科**　［草丈］**つる性**

［花期］**8〜9月**　［花色］**紅紫色**

花は長さ5〜8㎜。葉のつけ根にチョウ形の花を3〜4個ずつつけ、右のような実になります。

つるにできる小さな豆は大豆のご先祖様

野原や道ばたに生えるつる性1年草です。茎には茶色の粗い毛が下向きに生えています。葉は小葉《しょうよう》3枚が1組でつき、葉の両面には茶色の毛が生えています。花のあとにできる実《み》のサヤにも、茶色い毛がボウボウで、草全体が毛深いのが特徴です。サヤの長さは2〜3㎝、中に2〜3個の種《たね》が入っています。学名には「soja」という、醤油を意味する名前がついています。

楽しみ方

種《たね》はとても小さいですが、食べることもできます。ゆでて食べる枝豆は大豆の中でも種《たね》(豆)が大きい品種です。

アレチヌスビトハギ

●出合い度 ★★★☆☆

林の中、道ばた、空き地などの荒地に増えています

［科名］マメ科　［草丈］30～60cm

［花期］8～10月　［花色］紅紫色

青みがかった紫色の花は長さ7~8mm。夕方になるとしぼんで赤っぽくなります。

実《み》にはかぎ状の毛がびっしり衣服にくっつく〝ひっつき虫〟

北アメリカ原産の帰化《きか》植物です。道ばたなどの荒れ地に生える1年草で、林の縁《ふち》や林道に自生するヌスビトハギに似ています。全体に大型で、実《み》の節《ふし》がヌスビトハギは2個なのに、3～6個と多い点も違います。この仲間の実《み》には、かぎ状の小さな毛がびっしり生えていて、服や動物の毛にしっかりくっつきます。人や動物を利用して、種《たね》を遠くに運びます。

＼楽しみ方／

実《み》は節の部分から切れて衣服にくっつきます。実《み》を投げて相手の服にくっつけてみましょう。

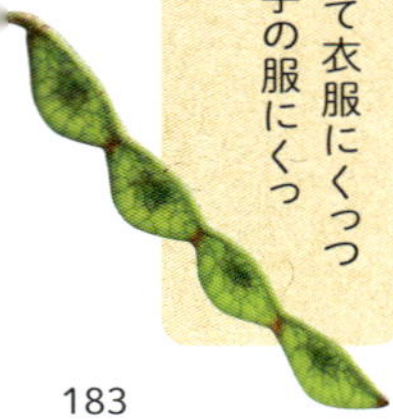

カナムグラ

●出合い度 ★★★★☆

道ばた、空き地、林ややぶの縁《ふち》などに見られます

［科名］アサ科　［草丈］つる性

［花期］8～9月　［花色］緑色

雌花と雄花は別の株につきます。雄花は上向きに、雌花は下向きに穂をつけます。

秋

ビールの材料ホップの仲間 雄花は秋の花粉症の原因にも

繁殖力旺盛な、つる性1年草です。茎は四角形で、茎や葉の柄には下向きのトゲがあり、まわりのものにトゲを引っかけて絡みつきながら覆《おお》いかぶさります。葉はモミジのように深く切れ込み、表面に毛が生えているのでザラザラします。「カナ＝鉄」は金属のようにかたいもの、「ムグラ＝葎」はつるが生い茂る様子をさし、「丈夫なつる」という意味の名前です。

＼楽しみ方／

雌花の穂を探してみましょう。2㎝ほどと小さいですが、花が球状に集まり、ビールの材料のホップの実《み》に似ています。

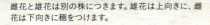

エノキグサ

●出合い度 ★★★☆☆

道ばた、空き地、畑の周辺など身近な場所に生えています

［科名］トウダイグサ科　［草丈］20～40㎝
［花期］8～10月　［花色］淡い茶色

雄花と雌花は同じ株につきます。花の穂の先に雄花、つけ根に雌花がついています。

雌花を包む衿《えり》のような葉で雄花の花粉をキャッチ

日当たりがいい場所ならどこにでも生える1年草です。葉の形がエノキという樹木の葉に似ていることから、この名前がつきました。花が終わると、大きな衿のような葉の上に、直径3㎜ほどのボールのような実《み》が3～4個くっついて成長します。実《み》の中には直径1.5㎜ぐらいの種《たね》が3個ずつ入っています。雌花を包む葉の形から「アミガサソウ」とも呼ばれています。

＼楽しみ方／

雌花をルーペで観察してみると、衿のような形の葉に包まれています。ふさふさの糸状の雌しべの先に花粉がつきます。

マルバルコウ

●出合い度 ★★☆☆☆

日当たりのいい空き地や野原などを探してみましょう

［科名］ヒルガオ科　［草丈］つる性

［花期］8～10月　［花色］鮮やかな朱色

花は直径2cm、長さ2.5cmのラッパ形。アサガオのような実《み》をつけます。

秋

朱色のかわいい花も時代とともに厄介者《やっかいもの》に…

熱帯アメリカ原産のつる性1年草で、江戸時代に観賞用に持ち込まれました。今では、空き地や道ばたなどで野生化しています。つるをまわりの植物に絡ませて成長のじゃまをしたり、繁殖力が旺盛で種《たね》をたくさんつくって増え続け、とくに大豆畑では厄介な草です。葉は長さ6～7cmほどで、ハート形をしています。名前は、丸い葉の「ルコウソウ」という意味です。

楽しみ方

花を正面から見ると、五角形をしています。よく似たルコウソウ（P.142）は花びらが5つに分かれた星形をしています。

アキノタムラソウ

●出合い度 ★★☆☆☆

道ばたや林の縁、半日陰の林の中などで出合えます

［科名］シソ科　［草丈］30～80cm
［花期］8～10月　［花色］青紫色

茎の先に10～25cmの花穂を出し、長さ1cmほどの花が輪になって段々につきます。

輪になって並ぶ花の姿は口を大きく開けたカバのよう

山野の道ばたで多く見られる多年草《たねんそう》です。長い花穂《かすい》は青紫色の花が数段にわたって輪生《りんせい》し、草むらの中でよく目立ちます。茎は四角形でややかたくなり、花や花の軸には毛が多く生えています。花には、先に雄しべが熟して虫に花粉を運ばせてから、雌しべが熟すという、自家受粉を防ぐ仕組みがあります。鮮やかな赤や紫色で花壇を彩るサルビアの仲間です。

秋

＼楽しみ方／

花を見ると、咲き始めの雄しべは上に伸びていますが、花粉を出し終わると横を向いたり下に垂れたりします。

花びらのように見えるのは変化したガク。細長い筒状の部分に蜜が隠されています。

オシロイバナ

●出合い度 ★★★☆☆

庭園のほか、日当たりのいい道ばたや公園などに見られます

［科名］オシロイバナ科　［草丈］30〜100cm
［花期］7〜10月　［花色］赤色・黄色・白色など

秋

英名は「フォー・オクロック」夕方4時に咲く一日花《いちにちばな》

熱帯アメリカ原産の1年草または多《た》年草《ねんそう》で、江戸時代に観賞用に持ち込まれ、こぼれ種《だね》でよく育つので、野生化しています。よく枝分かれして茂り、たくさんの花をつけますが、夕方咲いて朝にはしぼむ一日花です。花の色は赤や黄、白などで、一つの株でも2色の花が咲いたり、一つの花が2色に色分けされたりします。花はよい香りがして、夜に活動する虫を誘います。

楽しみ方

黒い種《たね》を割ると白い粉が出てきます。昔はこの粉を、子どもたちが「おしろい」にして遊びました。

イヌホオズキ

●出合い度 ★★★☆☆

郊外の道ばたや畑の中などに群生しています

［科名］ナス科　［草丈］60～90cm
［花期］8～11月　［花色］白色

花は花びらが反り返り、直径は7mmほど。
実《み》は直径約1cmで、つやはありません。

枝にぶら下がる丸くて黒い実《み》 かわいいけれど毒がある…

土が少しでもあれば、建物のすき間などにも生える丈夫な1年草です。立ち上がった茎は、よく枝分かれして広がります。茎の途中から枝を出し、4～8個の白い花をつけて下向きに咲きます。実《み》は熟すと黒くなりますがつやはなく、中にたくさんの小さな種《たね》が入っています。ホオズキ（P.144）の実《み》は大きな袋に包まれていますが、イヌホオズキには袋がありません。

＼楽しみ方／

よく似た帰化《きか》植物のアメリカイヌホオズキは、花はやや小さくて薄紫色、黒い実《み》はつやがあるので見分けられます。

キツネノマゴ

●出合い度 ★★☆☆☆

道ばた、空き地、土手などの身近な場所で出合えます

［科名］キツネノマゴ科　［草丈］10～40㎝

［花期］8～10月　［花色］淡い紅紫色

花の長さは約8㎜。熟した実《み》は2つに裂け、黒ゴマのような種《たね》を散らします。

秋

花の穂は長い毛でふさふさ「孫《まご》」ギツネのしっぽのよう

道ばたなどにふつうに見られる1年草です。六角形の茎に、長さ2～5㎝の葉が向かい合ってつきます。花は下から上へとポツポツ咲いていき、ガクなどに白い毛のある花が、枝先に密集してつきます。その形がキツネのしっぽを想像させ、沖縄より南には花がもっと小さいキツネノヒマゴという植物も生えています。葉は古くから薬草として利用されています。

＼楽しみ方／

花の下側の花びらの白い模様は、虫に蜜のありかを教えるマークです。たくさんの虫が蜜を吸いにやって来ます。

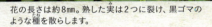

花の長さは1.5~2㎝。花びらから長く突き出ているのは雌しべです。

ツリガネニンジン

●出合い度 ★★☆☆☆

河原、土手、堤防など日当たりのいい場所に生えています

［科名］キキョウ科　［草丈］40～100㎝

［花期］8～10月　［花色］淡い青紫色

薄紫色の鐘《かね》を吊り下げたシャンデリアのような花

野山や高原に生える多年草《たねんそう》で、まっすぐに伸びた茎に、3～4枚の葉が輪になってつきます。葉は長さ4～8㎝で縁《ふち》にギザギザがあり、茎や葉を切ると白い乳液が出てきます。茎の先に花の穂を出し、つり鐘形《がねがた》の花が輪になって段々につき見事です。花の形がつり鐘に、太くて白い根の形がチョウセンニンジンに似ているので、この名がついたといわれています。

楽しみ方

若芽《わかめ》は「ととき」と呼ばれる山菜ですが、野生のものは数が減っているので、食用に栽培されたものが市販されています。

ホウセンカ

●出合い度 ★★☆☆☆

庭園のほか、人家の周辺や公園などに生えています

［科名］ツリフネソウ科　［草丈］30～80cm

［花期］7～10月　［花色］赤、ピンク、白色

花びらとガクが組み合わさった複雑な形の花。長く伸びた後ろの部分に蜜があります。

英名は「タッチ・ミー・ノット」実《み》に触れるとパン！と弾ける

インドと中国南部原産の1年草で、日本には江戸時代に観賞用に持ち込まれました。太い茎をまっすぐに伸ばし、葉のつけ根から2～3個の花を横向きに吊り下げます。花の色は、赤やピンク、白などがあり、昔は子どもが赤い花の汁で爪を染めて遊びました。また、実《み》に触れると弾けるので、英名では「タッチ・ミー・ノット」と呼ばれ、花言葉にもなっています。

楽しみ方

熟した実《み》を見つけたら触ってみましょう。少しつついただけでも、パン！と勢いよく弾け、種《たね》を遠くへ飛ばします。

フジバカマ

●出合い度 ★☆☆☆☆

川沿いの湿った草原などでまれに出合えます

［科名］キク科　［草丈］60〜120cm

［花期］8〜10月　［花色］淡い紅色

5個の管状花《かんじょうか》が集まった花で、糸のようなものは長く伸びた雌しべの花柱《かちゅう》です。

絶滅が心配されている…秋の七草の一つ

中国原産の多年草《たねんそう》で、奈良時代に薬草として日本に入り、漢方薬や入浴剤として利用されていました。花の蜜はチョウチョに大人気で、アサギマダラやタテハチョウなどが次々にやって来ます。近年まで川の土手や草地に自生していましたが、今ではめったに見られなくなっています。花屋さんで売られている「フジバカマ」の多くは、サワヒヨドリとの雑種です。

楽しみ方

生乾きの葉を嗅ぐと、桜餅の香りがします。餅を包むオオシマザクラの葉と同じクマリンを含んでいるからです。

直径1.5mm、長さ3mmほどの小さな花です。大量の花粉を風で飛ばし、雌しべに届けます。

ヨモギ

●出合い度 ★★★★★

道ばた、空き地、公園、堤防など身近な場所に見られます

［科名］キク科　［草丈］50〜100cm

［花期］9〜10月　［花色］白っぽい緑色

秋

若苗《わかなえ》は草餅、葉の綿毛はお灸に 秋の花粉は花粉症の原因に

身近な場所にふつうに生える多年草《たねんそう》です。地下茎《ちかけい》を伸ばし、道路のすき間などにも入り込んで増えます。葉は深く切れ込み、裏側は綿毛で覆《おお》われていて、この綿毛でお灸《きゅう》に使うもぐさをつくります。若葉にはよい香りがあり、ビタミンやミネラルも豊富で、古くから漢方薬や民間薬として利用されてきました。乾燥してお茶にしたり、お風呂に入れたりします。

＼楽しみ方／

春の若苗で草餅づくり。さっとゆでて細かく刻み、すり鉢でペースト状にして餅やだんご粉に混ぜ込みます。

細長い穂の上のほうにたくさんの雄花、つけ根に2~3個の雌花をつけます。

オオブタクサ

●出合い度 ★★★★☆

空き地、河川敷などの荒れ地に群生しています

［科名］キク科　［草丈］100~200cm

［花期］8~10月　［花色］黄色

花粉をたっぷり飛ばす秋の花粉症の原因の一つ

北アメリカ原産の1年草で、1952年に静岡県清水港と千葉で確認され、飼料や豆類に紛れて侵入し、急速に全国に広がりました。茎は太く、ときには高さが3mにもなり、河川敷や川沿いの道ばたなどに群生します。葉は長さ20~30cm、深い切れ込みがあり、茎に向かい合ってつきます。「要注意外来生物」に指定されていて、秋の花粉症では最高レベルの原因植物です。

楽しみ方

風に舞う花粉が目で確認できるほど、大量に飛ばします。花粉症が心配な人は近づかないように注意しましょう。

オオオナモミ

●出合い度 ★★★★

道ばた、空き地、河川敷などに多く見られます

［科名］キク科　［草丈］50～200cm

［花期］8～10月　［花色］黄色

球状にたくさん集まっているのが雄花、トゲがついたつぼに入っているのが雌花です。

秋

トゲトゲが子どもに大人気 〝ひっつき虫〟の王様！

北アメリカ原産の帰化《きか》植物です。実《み》が水に浮いて流され、川沿いに多く広がりました。茎は紫色を帯び、葉は触るとざらざらします。イガのトゲは面ファスナーと同じように先がかぎ状になっていて、服や動物の毛にしっかりくっつきます。また、一つのイガの中には大小2つの実《み》があり、小さいほうは大きい実《み》がうまく育たなかったときのために、遅れて芽を出します。

＼楽しみ方／

トゲトゲはセーターやフリースによくくっつきます。服に投げつけたり、ダーツにして遊んでみましょう。

ノコンギク

●出合い度 ★★★★☆

道ばた、空き地、畑の周辺などに群生しています

［科名］キク科　［草丈］30～100cm

［花期］8～11月　［花色］淡い紫がかった白色

頭花《とうか》の直径は約2.5cm。実《み》につくかたい毛は約5mmと長く、よく目立ちます。

里山に咲く野菊の代表種 咲き乱れる姿は秋の風物詩

明るい草地や少し乾いた道ばたに群生する多年草《たねんそう》です。茎は春にはあまり伸びませんが、秋には50～100cmにもなり、薄い紫色の花をつけます。葉は長さ6～12cm、葉の縁《ふち》に大きなギザギザがあります。同じキク科のヨメナ（P.198）とよく似ていますが、茎や葉に触ると、ざらざらするので区別できます。また、実《み》につく毛がヨメナより長いところも見分けるポイントです。

＼楽しみ方／

ノコンギクからつくられたというコンギクは、花が濃い青紫色で美しく、庭によく植えられています。

ヨメナ

●出合い度 ★★★☆☆

道ばた、空き地、あぜ道などやや湿った場所で出合えます

［科名］キク科　［草丈］50～120cm
［花期］7～10月　［花色］青紫色

頭花《とうか》の直径は約3cm。実《み》の毛が0.5mmほどしかないところが、ノコンギクとの違いです。

万葉集にも詠《よ》まれ親しまれてきた多年草《たねんそう》

少し湿った場所を好む多年草で、地《ち》下茎《かけい》を伸ばして増えます。若い苗の茎は赤みを帯びていて、葉は柔らかく毛も生えていないので、春の山菜として食用にされます。ノコンギク（P.197）とよく似ていますが、葉がすべすべしていること、実《み》につく毛が短くて目立たない点が見分けるポイントです。東海地方より東に生えているものは、カントウヨメナです。

楽しみ方

春の若葉にはよい香りがあります。ゆでて細かく刻み、ご飯に混ぜて塩を振ればヨメナ飯に。和え物や天ぷらにも。

アメリカセンダングサ

●出合い度 ★★★★☆

道ばた、空き地、田んぼの中など湿った場所を好みます

［科名］キク科　［草丈］100～150㎝
［花期］9～10月　［花色］黄色

頭花《とうか》のまわりを6～12枚の葉が、頭花を守るかのように囲んでいます。

花は丸くてかわいいけど実《み》は鋭いトゲを持つ"ひっつき虫"

北アメリカ原産の1年草で、日本には大正時代にやって来ました。水田やあぜなどの湿った場所が好きで、街中でもよく見かけます。茎は黒っぽい紫色で四角形をしていて、葉は細長くて縁《ふち》はギザギザですが、毛はありません。花のあとに実《み》が茶色に熟すとポンポンのように丸くなり、パラパラと外れて、服や動物の毛にくっつき、種《たね》を遠くまで運ばせます。

楽しみ方

トゲは熟す前の緑色のときでもくっつきます。花の首のところからちぎり、ワッペンに見立て、服につけて遊んでも。

キクイモ

●出合い度 ★★★☆☆

空き地、土手、畑の周辺などを探してみましょう

［科名］キク科　［草丈］100~200cm

［花期］8~10月　［花色］黄色

頭花《とうか》は直径5~10cmほど。中心のたくさんの管状花《かんじょうか》を10~20個の舌状花《ぜつじょうか》が囲んでいます。

ヒマワリそっくりの花が咲き ショウガに似たイモがなる

北アメリカ原産の多年草《たねんそう》で江戸時代の後期に日本にやって来ました。イモ（塊茎《かいけい》）にはイヌリンという多糖類が多く含まれ、アルコールの原料として栽培されました。その後、各地で野生化しましたが、近年再び健康食材として注目されています。細く伸びた茎の先に、ヒマワリに似た小さい花を華やかに咲かせ、葉や茎にかたい毛があって、触るとざらざらします。

楽しみ方

イモは味噌漬けなどに加工されて売られています。家庭ではサラダやバター焼き、煮物、揚げ物などにしても。

アキノノゲシ

●出合い度 ★★★☆☆

日当たりのいい空き地、土手などの荒れ地に生えています

［科名］キク科 ［草丈］60～200cm

［花期］8～10月 ［花色］淡い黄色

頭花《とうか》は直径2cmほど。タンポポのような小さな花をたくさん咲かせ、その後綿帽子になります。

淡い黄色の花をつける タンポポ似だけどレタスの仲間

日当たりのいい場所に生える越年草《えつねんそう》で、草丈も高くよく目立ちます。葉は切れ込みがあるものやないものなどいろいろな形があり、上の葉ほど小さくなります。よく枝分かれした先に、タンポポに似た花をたくさんつけ、花が終わると綿毛のついた実《み》を風に乗せ、遠くまで飛ばします。春に咲くノゲシ（P.64）に似て、秋に咲くのでこの名前がつきました。

秋

楽しみ方

茎や葉をちぎると、白い乳液が出てきます。昆虫に食べられたり、傷口から細菌が入るのを防ぐためです。

セイタカアワダチソウ

●出合い度 ★★★☆☆
日当たりのいい空き地、土手、河川敷などに群生しています

［科名］キク科　［草丈］100～300cm
［花期］10～11月　［花色］黄色

直径6mmほどの花。実《み》が熟すと、実《み》の綿毛で、
右のようにもこもこと泡立つように見えます。

秋

強い繁殖力があだとなり今では自分の毒で減少中…

北アメリカ原産の多年草《たねんそう》で、1950年代から急速に広まりました。高さは3m近くにもなって地下茎《ちかけい》を伸ばし、根からほかの植物の発芽をじゃまする成分を出して、空き地を独り占め。その上、綿毛をつけた実《み》を風で遠くへ飛ばし、あっという間に生育エリアを広げました。しかし、近年は繁殖の勢いが弱まり、在来の草とともに生き続けています。

楽しみ方

たっぷりの蜜と花粉に、いろいろな虫が集まる様子を観察しましょう。黄色い花を煮出して草木染に利用することも。

コスモスはギリシャ語で「秩序」の意味。きちんと並ぶ花びらからついた名前です。

コスモス

●出合い度★★★★☆

道ばた、空き地、土手、河川敷などに多く見られます

［科名］キク科　［草丈］50～150㎝

［花期］9～11月　［花色］白色・赤色・黄色など

メキシコ生まれで親しまれ今では秋を代表する花に

メキシコ原産の1年草で、日本には明治時代に観賞用としてやって来ました。別名は「アキザクラ」。やせた土地でもよく育ち、栽培が簡単で、公園や観光地で一面に広がるコスモスの花畑をよく見かけます。草丈は1.5mにもなり、風や雨ですぐ倒れてしまいますが、地面についた茎から根を出して立ち直ります。葉が魚の骨のように枝分かれして細いところが特徴です。

楽しみ方

舌状《ぜつじょう》花《か》は8個。黒っぽい花でチョコレートの香りがするチョコレートコスモスやレモン色のコスモスもあります。

秋

シオン

●出合い度 ★☆☆☆☆

山地のややしめった場所に生えています

［科名］キク科　［草丈］50～200㎝

［花期］9～10月　［花色］淡い紫色

頭花《とうか》の直径は3~3.5㎝。枝分かれした茎の先に、淡い紫色の花をたくさん咲かせます。

今昔物語にも登場 花言葉は「君を忘れない」

野生のものは「絶滅危惧種」に指定され、出合えたらラッキーな珍しい草花です。よく目にするのは観賞用に植えられているもので、切り花としても利用されます。古い時代に大陸から薬草として持ち込まれたともいわれ、根はせき止めや去痰《きょたん》の漢方薬に使われていました。大型の多年草《たねんそう》で、根もとから出る葉は長さ65㎝ほど、茎の葉は上につくものほど小さくなります。

楽しみ方

かたい毛が生えているので、葉や茎を触るとざらざらします。丈夫で簡単に育つので、市販のものを苗から育ててみても。

頭花《とうか》は直径4～6㎝。管状花《かんじょうか》は外側から中心に向かって順々に咲いていきます。

ツワブキ

●**出合い度** ★★☆☆☆

海沿いの草地や崖、林の縁、庭先などに生えています

［科名］**キク科**　［草丈］**20～50㎝**
［花期］**10～12月**　［花色］**黄色**

つやのある葉っぱは春のフキにそっくり！

海岸の崖や岩場などに自生する多年《たねん》草《そう》で、古くから庭に植えられ、茶花《ちゃばな》として利用されてきました。花の少ない時期に、鮮やかな黄色の花を咲かせ続けるので人気があります。葉の柄の長さは10～40㎝。若葉のときは握りこぶしのように丸まって綿毛に包まれています。若くて柔らかい葉と葉の柄は、あく抜きをして食用に。フキと同じように葉の柄を佃《つくだ》煮《に》にします。

楽しみ方

フキによく似ていますが、葉を触ってみると、表面はつるつるで、ごわごわと厚みがあってかたいです。

秋

花には噴水のような形の雄しべと雌しべがあり、雄しべは6つ、雌しべは3つに分かれます。

タイワンホトトギス

● 出合い度 ★★★☆☆

日陰のやや湿った斜面や崖、岩場などに見られます

［科名］ユリ科　［草丈］30～100cm
［花期］9～10月　［花色］白色

秋

花のまだら模様がホトトギスのお腹に似ている

台湾生まれの多年草《たねんそう》。日本でも西表《いりおもて》島《じま》に自生していますが、庭にもよく植えられて、野生化もしています。茎はよく枝分かれし、葉のつけ根から枝を出し数個の花をつけます。日本の山に自生しているよく似た植物のホトトギスは、枝分かれせず、タイワンホトトギスのようにたくさん花をつけません。観賞用として人気があり、改良された品種もたくさんあります。

楽しみ方

花のあとの実《み》は3つの部屋に分かれ、その中に平らな種《たね》がぎっしり詰まっているのでのぞいてみましょう。

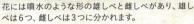

ツルボ

●出合い度★★☆☆☆

日当たりのいい草地や土手、あぜ道などに生えています

［科名］キジカクシ科　［草丈］20～40㎝

［花期］8～9月　［花色］淡い紅色

地面から直接花の茎を伸ばします。直径7㎜ほどの花は大きく平らに開きます。

春秋2回も葉っぱを出し秋にピンク色の花を咲かせる

日当たりのいい道ばたや植え込みでよく見かけます。葉はスイセンのように細長く、長さ15～25㎝。春に1回葉だけ出し、暑い夏には枯れて休眠。お盆も過ぎて涼しくなると、今度は花と一緒に2度目の地上デビュー。ピンクの花が長い穂の下から順に咲き上がります。薄皮をむいたつるつるの球根（鱗《りん》茎《けい》）を「つるん坊」と呼んでいたので、この名がついたともいわれます。

楽しみ方

球根（鱗茎）を掘り上げて嗅ぐと、ネギの匂いがします。また、皮をむき、何回か塩ゆでしてあく抜きすると食べられます。

秋

ヒガンバナ

●出合い度 ★★★☆☆

田畑の周辺、あぜ道、堤防などに群生しています

［科名］ヒガンバナ科　［草丈］20～50cm

［花期］9月　［花色］赤色

赤い花が大好きなアゲハチョウを誘い、長く突き出た雄しべでチョウの体に花粉をくっつけます。

秋

お彼岸の頃に茎を急に伸ばし葉のない赤い花を咲かせる

古く中国から渡来した植物で、マンジュシャゲとも呼ばれます。お彼岸の頃に茎が急に伸び出し、真っ赤な花を咲かせますが、その頃に葉はありません。スイセンのような細長い葉が出るのは、日光を独り占めできる冬から春先まで。その間に球根（鱗茎《りんけい》）に栄養分を蓄えます。球根は有毒で、昔は死《し》人花《ひとばな》などといって嫌われましたが、花の美しさが見直されています。

楽しみ方

花は茎の上に5～7個、輪になってつきます。リボン状の花びらがくるんと反って開き、大輪のように見えます。

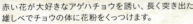

ツユクサ

●出合い度 ★★★☆☆

道ばた、公園、畑の周辺など身近な場所で出合えます

［科名］ツユクサ科　［草丈］30～50cm

［花期］7～10月　［花色］青紫色

美しい青い花には、大きな青い花びらが2枚と小さくて白く目立たない花びらが1枚ついています。

半日でしぼむはかない花だが繁殖力の強いしたたかな策士

やや湿った場所で見かける1年草です。茎はよく枝分かれし、地面についた節《ふし》から根を出して増えます。花は朝早く咲いて半日でしぼんでしまいますが、二枚貝のように閉じた苞葉《ほうよう》の中に、次の日に咲く花が隠れています。また、6本の雄しべのうち、短い4本は虫を誘うおとりのようです。朝露《あさつゆ》とともにしぼむはかない花ですが、なかなかしたたかな策士です。

＼楽しみ方／

雄しべ6本のうち、短くて派手な黄色の3本と中央の1本は、虫を引きつける偽《にせ》雄しべで、長く突き出た2本が本物です。

カゼクサ

●出合い度 ★★★★☆

道ばた、空き地、堤防の斜面など身近な場所に見られます

［科名］イネ科　［草丈］30～80㎝

［花期］8～10月　［花色］茶色

5～10個の小花《しょうか》が集まった小穂《しょうすい》は長さ6～7㎜で、紫色を帯びています。

秋

穂の動きから風向きを知らせる踏みつけても起き上がる雑草魂

日当たりのいい乾いた場所に生える多年草《たねんそう》。斜めに伸びる茎は、人に踏みつけられてもほとんどダメージがなく丈夫です。また、深く根を張って大きな株をつくり、引き抜くこともなかなかできません。細長い葉は長さ30～40㎝。よく枝分かれした穂にたくさんの花をまばらにつけます。また、人が感じられないような微妙な風を、穂や葉の動きで知らせてくれます。

＼楽しみ方／

小さな花をルーペで観察してみると、一つの花に3本の雄しべと1本の雌しべがあるのがわかります。

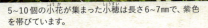

チカラシバ

●出合い度 ★★★★☆

日当たりのいい道ばた、空き地など身近な場所で見られます

［科名］イネ科　［草丈］30～80㎝
［花期］8～10月　［花色］茶色

穂の長さは15~20㎝。小穂《しょうすい》のつけ根にかたくて長い毛があります。

秋

ボトルブラシのような大きくて美しい穂が目印

日当たりのいい草地に、ふつうに生える多年草《たねんそう》です。根をしっかり張って大きな株をつくるので、「力いっぱい引っ張っても抜けない力強い草」という意味の名前がつきました。細長い葉は根もとに集まってつき、触るとかたくてざらつきます。実《み》にも毛にも逆さのトゲがあるひっつき虫で、服についたら厄介《やっかい》です。穂が美しいので、最近では、観賞用に植えられています。

楽しみ方

穂を手に握ってしごき、実《み》を丸く集めると「いが栗」ができます。実《み》や毛には逆向きのトゲがありざらざらします。

アキノエノコログサ

●出合い度 ★★★★☆

道ばた、畑の周辺、空き地などに群生します

［科名］イネ科　［草丈］40～100cm

［花期］8～10月　［花色］緑色

エノコログサとの違いは、穂が少し大きくて、先が垂れ下がっているところです。

秋

エノコロ仲間で一番ふさふさ！ボリュームのある立派な穂

秋を彩る1年草です。よく似たエノコログサより花の時期が少し遅れますが、穂はざらつく感じでボリュームがあって垂れ下がり、秋の間はずっと見られます。全体に大型で株をつくり、根もとのほうの節《ふし》から根を出して広がって、よく群生します。細長い葉は30～40cmで柔らかく、葉の表面が紫色を帯びることもあり、表面には短い毛が生えていて少しざらつきます。

＼楽しみ方／

茶色になった穂を観察すると、実《み》が落ちても、かたい毛はそのまま残っていることがわかります。

キンエノコロ

●出合い度 ★★★☆☆

道ばた、畑の周辺、空き地などに多く生えています

［科名］イネ科　［草丈］20～50cm

［花期］8～10月　［花色］茶色

穂の長さは3~10cm。小穂のつけ根に長さ8mmほどの金色の毛がついています。

秋の野原に優雅に揺《ゆ》れる金色に輝くゴージャスな穂

日当たりのよい空き地や道ばたに生える1年草です。株をつくって群生し、あまり枝分かれせず、すっと上に伸びます。葉は15～30cmで表面はザラザラしていますが、裏面はつやがありすべすべです。エノコログサ（P.165）やアキノエノコログサと似ていますが、小穂《しょうすい》につくかたい毛が金色なので見分けがつきます。インドでは穀物として栽培している地域もあります。

楽しみ方

金色の毛をルーペでよく観察すると、上向きの小さなトゲが生えていて、触るとざらざらします。

ススキ

●出合い度 ★★★★☆

道ばた、線路脇、空き地などに多く見られます

［科名］イネ科　［草丈］100~200㎝

［花期］8~10月　［花色］茶色

穂は10~25本の枝の穂からなります。花が咲くと、雄しべや雌しべが見えます。

秋

お月見に欠かせない秋の七草の一つ

少し乾いた日当たりのいい場所に生えます。短い地下茎から束になって茎を出し、大きな株をつくります。細長い葉の縁《ふち》はノコギリの刃のようになっていて、手を切ることも。穂の長さは10~30㎝。花が咲くと、黄色や赤紫色の雄しべと雌しべが出ます。濃い色に見えますが、実《み》の時期には綿毛で白っぽく変化します。穂が馬のしっぽに似ているので、尾花《おばな》とも呼ばれます。

楽しみ方

小穂《しょうすい》をつくる小花《しょうか》をルーペで見ると、先端に折れ曲がったかたいのぎ(芒)が1本ありますが、よく似たオギにはありません。

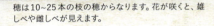

穂の長さ25~40㎝。よく似たススキより大きく、小穂《しょうすい》もたくさんでつやがあります。

オギ

●出合い度 ★★★☆☆

河原や堤防、公園などの水辺や湿った場所に見られます

［科名］イネ科　［草丈］100~250㎝

［花期］9~10月　［花色］茶色

つややかな銀白色の穂をふさふさと河原になびかせる

湿った空き地や河原に生えます。茎を1本ずつ立てながら、地下茎《ちかけい》を横に長く伸ばし、辺り一面に広がります。ススキに似ていますが、ススキの穂は金色や銅色で、オギはつやつやとした銀《ぎん》白色《はくしょく》です。また、ジメジメした場所が好きなこと、株をつくらないこと、小《しょう》花《か》にのぎ（芒）がないことで見分けます。ススキの仲間はカヤと呼ばれ、オギやススキは茅葺《かやぶ》き屋根に使われます。

楽しみ方

ススキの葉の縁《ふち》はかたく、握ると手が切れますが、オギの葉は柔らかいので手を切るようなことはありません。

セイバンモロコシ

●出合い度 ★★★☆☆

道ばた、畑の周辺、土手、堤防などに生えています

［科名］イネ科　［草丈］80～180㎝

［花期］8～9月　［花色］茶色

穂の長さは20～50㎝。小穂《しょうすい》は赤紫色で、柄のある小穂と柄のない小穂が対になっています。

空き地の縄張り争いで勢力を広げてきた新参者《しんざんもの》

地中海沿岸原産の多年草《たねんそう》で、1950年代から日本の各地に広まり、工事が行われた土手や道路沿いの空き地で群生しています。ススキの群生かと思ってよく見てみると、セイバンモロコシということも多く、長い地下茎《ちかけい》を伸ばして実《み》を散らし、どんどん広がっていきます。若い葉や実《み》に有毒な成分が含まれることがあり、飼料や食料にはなりません。

楽しみ方

葉はススキの仲間に似ていますが、つやがあり、触ってみても柔らかく、縁《ふち》もざらざらしていません。

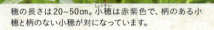

シマスズメノヒエ

●出合い度 ★★★☆☆

道ばた、田畑の周辺、土手などで出合えます

［科名］イネ科　［草丈］80～100cm

［花期］7～10月　［花色］茶色

穂の長さは5～9cm。茎の先に小穂《しょうすい》がびっしりついた枝を、5～10本出します。

芝生では厄介者《やっかいもの》でもおいしい牧草「ダリスグラス」

南アメリカ原産の多年草《たねんそう》で、緑化や牧草用として持ち込まれました。今では野生化し、街中でもふつうに見られます。茎は株をつくり、葉は細長くて毛がなく、黒っぽい雄しべと雌しべがつきます。よく似たスズメノヒエは、葉に柔らかい毛がびっしり生えていて、雄しべが黄色である点が違います。大正年間に小笠原《おがさわら》諸島で発見されたので、名前に「シマ」がつきました。

秋

＼楽しみ方／

穂に黒っぽい虫がくっついているように見えるときがありますが、ルーペで観察すると、雄しべと雌しべだとわかります。

穂は、葉のつけ根から出ます。長さ2~3cmの白い毛がびっしりついています。

メリケンカルカヤ

●出合い度 ★★★☆☆

道ばた、田畑の周辺、土手などに群生しています

［科名］イネ科　［草丈］50～120cm

［花期］9～10月　［花色］茶色

秋

穂に羽毛のような白い毛を備え全体が赤褐色に美しく色づく

北アメリカ原産の多年草《たねんそう》。戦後、都会で広がり、日当たりのいい造成地や道ばたなどに群生しています。茎はまっすぐ立ち、高さ0.5～1.2mになります。葉の長さは3～20cmで、茎の左右交互にぴったりくっつくのが特徴です。茎や葉は丈夫で全体がすべすべし、引き抜きにくいです。メリケンはアメリカのことで、アメリカから来たカルカヤ（刈る萱《かや》）という意味の名前です。

楽しみ方

秋に草全体が紅葉《こうよう》して赤褐色になり、きれいです。種《たね》を飛ばしたあとも春まで立ち枯れたままで、冬でもよく目立ちます。

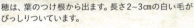

コブナグサ

●出合い度 ★★★☆☆

田畑の周辺、土手などの湿った場所に生えています

［科名］イネ科　［草丈］20～50cm
［花期］8～9月　［花色］茶色

長さ3~5cmの穂を3~10本つけます。小穂《しょうすい》の色は白、緑、濃い紫などいろいろです。

八丈島《はちじょうじま》に伝わる絹織物「黄《き》八丈《はちじょう》」の黄色を染める草

主に湿った場所に生える1年草です。茎は地面をはって枝分かれしながら広がり、節《ふし》ごとに根を下ろします。葉は長さ2~6cm、幅1~2.5cmで、縁《ふち》は波打ち、葉が茎を抱き込むようについています。葉の両面には毛がありませんが、縁と茎を包む部分には長い毛がある点も特徴です。葉の形が小さなフナのようなので、この名前がつきました。別名「八丈刈安《はちじょうかりやす》」といいます。

秋

＼楽しみ方／

全草を煮出して染料をつくり、ツバキの灰などで染め上げると、絹糸がつややかな黄色に染まります。

小穂は茶色がかった黄緑色で、長さ1㎝ほど。実《み》は熟すと茶色になります。

カヤツリグサ

●出合い度 ★★★☆☆

道ばた、空き地、田畑の周辺など身近な場所で出合えます

［科名］カヤツリグサ科　［草丈］20～60㎝

［花期］7～9月　［花色］緑色

線香花火のような愛らしさでも、庭や畑の嫌われ者…

少し湿った場所に生える1年草です。茎は切り口が三角形で根もとに3枚の葉をつけ、茎の先には葉と同じような形の苞《ほう》を3～4枚つけます。穂を5～10本出して茶色っぽい黄緑色の小穂《しょうすい》をつけた様子は、線香花火のよう。花は先が尖った緑色のウロコのような鱗片《りんぺん》に包まれています。断面が三角形の茎を裂き、蚊帳《かや》に見立てた草遊びをしていたことから、この名前がつきました。

楽しみ方

茎を長めに切ってそのまま逆さに持ち、茎をくるくる回せば線香花火に。穂の形を生かした草遊びが楽しめます。

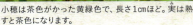

コゴメガヤツリ

●出合い度 ★★★☆☆

道ばた、空き地、田畑の周辺など身近な場所に見られます

［科名］カヤツリグサ科　［草丈］20～60cm

［花期］7～9月　［花色］緑色

小穂はよく似たカヤツリグサより小さくて黄色く、また鱗片《りんぺん》の先も丸っこいです。

稲穂のように垂れ下がり米粒のような実《み》をつける

日当たりのいい、少し湿った場所で見かける1年草です。茎や葉はカヤツリグサとほとんど同じですが、穂の形が違います。茎の先に長短のある枝を出し、さらに枝を出して数個の小穂《しょうすい》をまばらにつけます。穂全体がやや細く、きゃしゃなイメージで、小穂がカヤツリグサより小さく、実《み》の形も米粒のようなので、名前の頭に「小米《こごめ》」がつきました。

＼楽しみ方／

茎を切ってみると、断面は三角形。これはカヤツリグサ科の特徴で、よく似たイネ科の茎の断面は円形です。

小穂《しょうすい》は長さ1.5～3cmで赤茶色。カールした白い部分は雌しべ、黄色い部分は雄しべです。

ハマスゲ

●出合い度 ★★★☆☆

川や海沿いの道ばた、田畑の周辺など乾いた砂地に生えています

［科名］カヤツリグサ科　［草丈］20～40cm
［花期］7～9月　［花色］緑色

秋

アスファルトを突き破る強靭さ 厄介《やっかい》者だが薬草として有用

日当たりのよい乾いた場所でよく見かける多年草《たねんそう》で、道路のアスファルトを突き破って生えるパワーを持っています。地下茎《ちかけい》を横に長く伸ばし、ところどころに塊茎《かいけい》をつくって株を増やします。塊茎は土中に少しでも残ると芽を出すため、畑や庭の雑草としては厄介ですが、薬草としてはとても有用で、古くから「香附子《こうぶし》」といって漢方薬などに利用されています。

＼楽しみ方／

塊茎には特有の香りがあります。また、断面が三角形の茎を両端から半分に裂いて蚊帳《かや》ような四角形をつくる遊びも。

冬

寒さが募って多くの草花が枯れ、
野原が茶色く染まります。
足もとでは、地面に葉っぱをはりつけて、
寒さに耐えている草花も。
また来る春に向けて命をつないでいます。

＼見つけよう！／ 冬を彩る草花たち

冬を越す草花は、葉っぱや茎が枯れてもロゼットになっても、
地中の根っこは元気！　養分を蓄えながら静かに冬を越します。

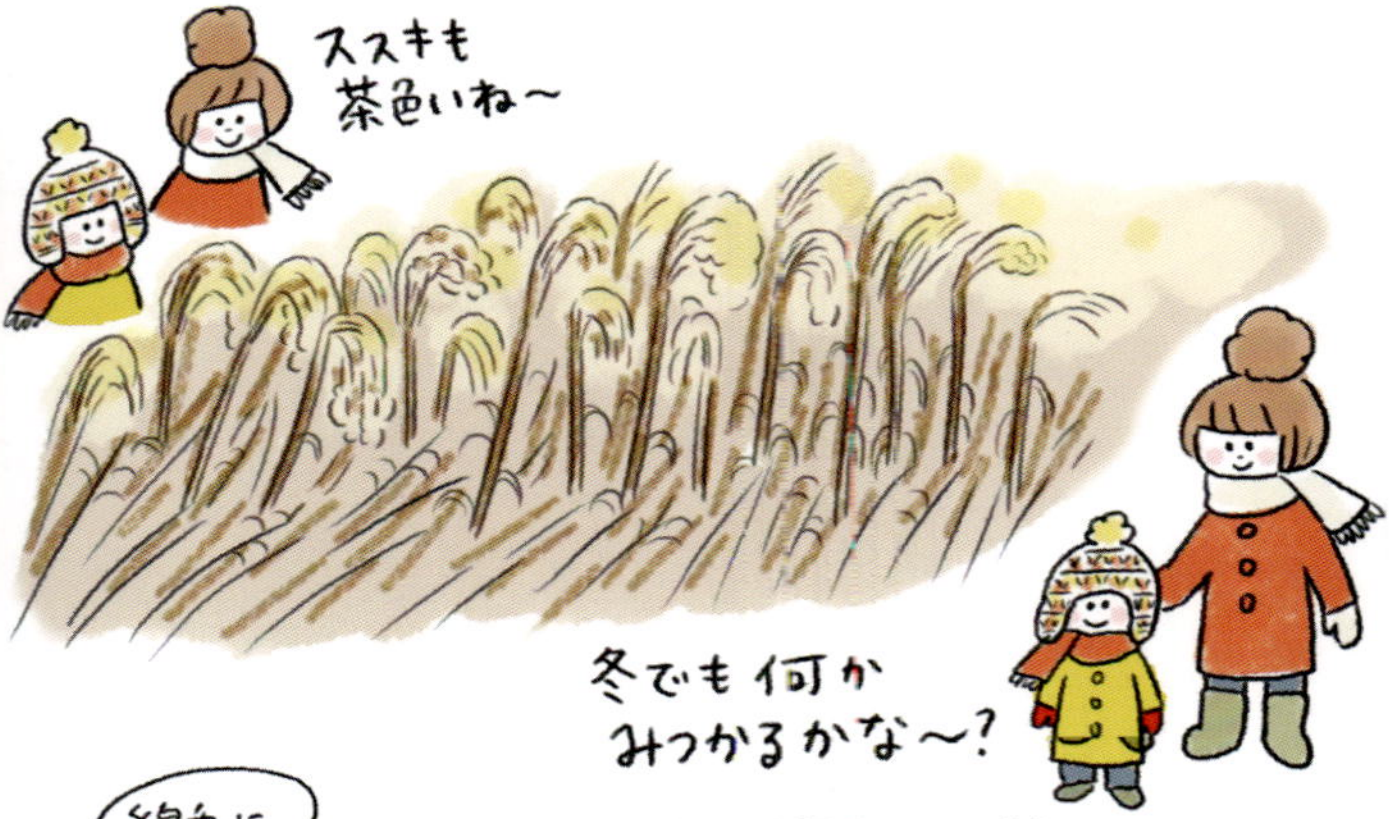

ススキも
茶色いね〜
冬でも 何か
みつかるかな〜？

綿毛に
なってるよ〜
むく
むくだ〜

茶色い草むらを観察してみよう

河川敷や空き地で草むらをつくっていたイネ科の仲間が、そのまま枯れて一面茶色い風景に。ススキ（P.214）は枯れ色になり、オギ（P.215）は黄色っぽく色づき、メリケンカルカヤ（P.218）は白い綿毛をつけて直立しています。

イネの仲間は
強いねー
うん
メリケンカルカヤ

草花たちも冬眠するの!?

寒さに強いメリケンカルカヤ（P.218）も枯れた姿で冬越しします。秋に黄色い花をたくさん咲かせたセイタカアワダチソウ（P.202）は、モコモコと泡立ったような綿毛をつけています。

草花の冬越しの形「ロゼット」を観察してみよう!

地面にぺったりはりついているのは、草花の冬越しの形、ロゼットです。葉っぱの形を観察してみましょう。

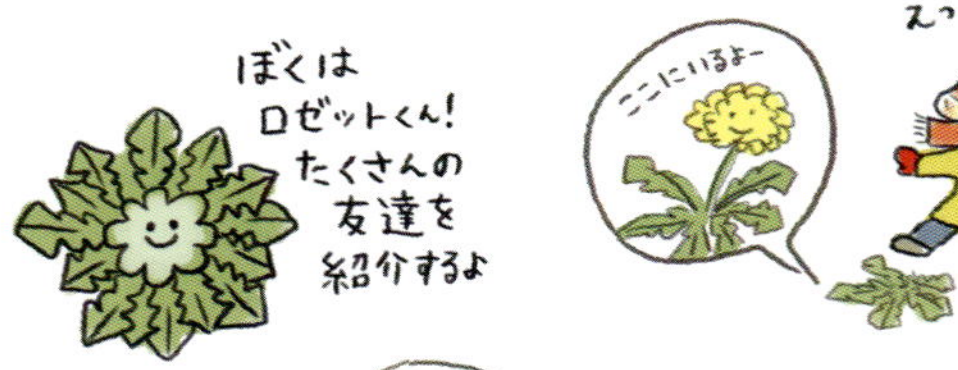

早春に花を咲かせる草花たちは、寒さにも負けず、元気に冬を越します。

ロゼットくんがナビゲート！

地味だけどすごい！

「ロゼット」を観察しよう！

草花が枯れる冬ですが、足元に目をやると地面にピタッとへばりつく植物が……。これがロゼット。寒い冬を乗り越えるために植物たちがあみ出した知恵の結晶です。

ロゼットとは？

茎を立てずに、地面にぺったりはりついて葉を丸く広げている草の形のことです。ロゼットとはバラ（ローズ）の花模様のことで、お互いの葉が重なり合わないように放射状に出る様子がバラの花に似ているので、その呼び名が使われています。

冬の冷たく乾燥した風で芽が凍ったり乾燥したりするのを防ぎ、弱くなった冬の太陽の光を効率よく受け取るための植物の冬越しスタイルです。

寒さのために、赤紫に変色する葉もありますが、枯れることはありません。厳しい冬に耐えたあと、春には葉の緑が増し、新しい茎をぐんぐん伸ばします。

こんな場所を探してみよう

道ばたや公園の芝生などには、セイヨウタンポポ（P.55）やオオバコ（P.100）、ナガミヒナゲシ（P.88）などのロゼットが見られます。また、建物を壊して土が新しく入れ替わった空き地などには、メマツヨイグサ（P.132）やヒメムカシヨモギ（P.155）、オオアレチノギク（P.154）などの繁殖力が旺盛な「パイオニア植物」のロゼットも見つけられるでしょう。

冬

ロゼットは冬を乗りきるための賢い姿!

▼上から見ると

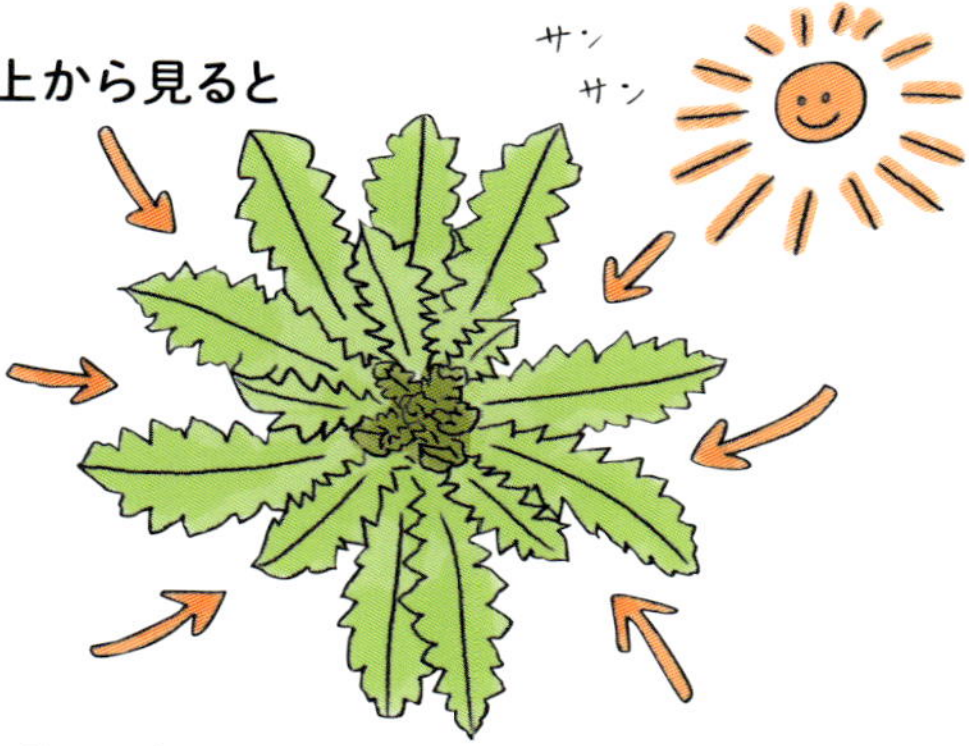

葉っぱを放射状に思いっきり広げて
太陽の光を効率よくキャッチ!

▼横から見ると

地面にペッタリとはりついて
冬の寒さや乾燥から芽を守る

冬

草花たちの冬の姿を観察しよう!

形を楽しむロゼット図鑑

ロゼットは草花によって葉の形や広げ方が異なります。
その姿を見比べてみるのも、冬ならではの草花観察の楽しみ方です。

ナズナ ▶P.34

七草がゆに入れて食べるのは、この姿のとき。暖かい場所ではロゼットの中心で、低いつぼみや花をつけているものも見られます。

いろんな
ロゼットを
深してみよう!

セイヨウタンポポ ▶P.55

公園の芝生《しばふ》で、ぽつんぽつんと咲いている黄色の花を見かけたら、この花です。冬の時期には地面にへばりつくように葉を広げています。

ギザギザ
の葉を
よ〜く観察
してみよう

ロゼットも
荒々しい姿で
トゲも多いよ!

オニノゲシ

▶P.156

葉の縁《ふち》は深く切れ込んで波打ち、トゲは冬の時期でも荒々しくついています。黒っぽい紫色に変色しているものもあります。

ヒメムカシヨモギ

▶P.155

ロゼット葉はヘラ形で縁《ふち》に浅い切れ込みがあり、つけ根のほうは細くなっています。寒くなると、葉の筋《すじ》や葉の先が紫色になるので、よく似たオオアレチノギク（P.154）と見分けられます。

浅い切れ込みと
紫色の筋が
特徴だよ

ノアザミ

▶P.103

オニノゲシ（P.156）のように葉の縁《ふち》は深く切れ込み、鋭いトゲもありますが空き地や公園には少なく、野原や高原などでよく見かけます。

ハハコグサ ▶P.61

根もと近くで枝分かれした株が、たくさん集まって冬越しします。防寒にぴったりの白い綿毛が全体をびっしり覆《おお》っています。

オオアレチノギク ▶P.154

ロゼット葉と春になって茎につく葉は同じ形です。葉の両面に短い毛が生えているので全体に白っぽい感じがします。ヒメムカシヨモギのロゼット(P.229)と似ていますが、葉の筋《すじ》は紫色になりません。

直径20cm以上になる株もあるよ！

ブタナ ▶P.157

タンポポの葉に似ていますが、全体がつやつやして毛が多く、肉厚でぽってりしています。葉の切れ込みが深かったり、浅かったりと、さまざまな形があります。

切れ込むものからヘラ形までいろいろ

ナガミヒナゲシ ▶P.88

深い切れ込みのある葉には長い柄があり、寒くなると紫色に変わって目立ちます。古い葉は黄色になりますが紅葉《こうよう》しません。

たくさんの毛で寒さを防いでいるよ

シロイヌナズナ ▶P.20

ロゼット葉はつやがあり、動物の舌のようなだ円形で肉厚です。葉の表面をルーペで観察すると、細かい毛が生えているのがわかります。

冬

ビロードモウズイカ ▶P.146

全体がビロードのような白い綿毛で覆《おお》われた、大きな株で冬越しします。葉はもこもこと厚みがあってウサギの耳のような形ですが、寒風で水分が抜け、茶色っぽくなることもあります。

よ～く見てみると毛がいっぱい！

メマツヨイグサ ▶P.132

▶P.132

空き地などできれいに紅葉《こうよう》したロゼットを見つけたら、このメマツヨイグサの可能性が高いです。紅葉しても葉の筋《すじ》は白いまま。葉の表面に赤紫色の斑点《はんてん》が目立ちます。

葉が赤く
染まっても
枯れないよ!

葉が
重ならない
ように工夫して
いるよ!

キュウリグサ ▶P.53

大小のスプーンのような葉を広げています。葉の柄の色を紫色に変え、葉が重ならないように長さもうまく調節しています。

ヘラオオバコ ▶P.101

草刈りがよく行われる空き地や道ばたなどで見かけます。先の尖った細長い葉には縦に走るたくさんの筋《すじ》が目立ち、触るとぼこぼこしています。

この葉で日光を
いっぱい
浴びるのだ～

ハルジオン ▶P.60

縁《ふち》に浅い切れ込みのある葉は、ヒメジョオンよりほっそりしたヘラ形です。古い葉は黄色になりますが赤くはならず、また、整った円形のロゼットにならないものも多いです。

冬

葉は
幅が広くて
浅い
切れ込みが！

ヒメジョオン ▶P.102

縁《ふち》に浅い切れ込みのある葉は卵形で、長い柄があり、紅葉《こうよう》することもあります。このロゼット葉は花が咲く頃には、枯れてしまいます。

スイバ ▶P.26

葉のもとの部分は矢じり形で、ロゼット葉には長い柄があります。まだらに紅《こう》葉《よう》しているものや全体が真っ赤に紅葉するもの、モシャモシャと葉の数が多いものなど環境によってさまざまです。

冬には真っ赤に
紅葉する
葉もあるよ!

オニタビラコ ▶P.23

道ばたや公園、庭のすみなどでよく見かけます。タンポポに似たロゼットですが、全体に柔らかく、細かい毛が生えています。最近では色などの違いで、アカとアオに区別されることもあります。

ロゼットも
アカとアオが
あるよ

冬

ウラジロチチコグサ

▶P.62

空き地や道ばた、植え込みなどでよく見かけます。先が丸い幅広のヘラ形の葉の表面は冬でも緑のままですが、裏面は暖かそうな綿毛がびっしり生えています。

葉の裏面は
綿毛で白いのだ

ユウゲショウ

▶P.94

葉は筋《すじ》に沿ってギャザーを寄せたように波打っています。株が小さい頃は葉に切れ込みはありませんが、葉の筋と縁《ふち》が赤くなることもあります。

みんなこの形で、
寒さや雪、風をしのいで
いるんだよ!

冬の寒さと草花の関係

冬があるから春芽吹き 花を咲かせる賢い種《たね》の仕組み

ここまで紹介したロゼット以外にも、草花の冬越し方法があります。その一つが種《たね》です。秋につくられた種《たね》の中には、冬の寒さを経験しないと発芽しないものがあります。たとえば、秋に地中に落ちた種《たね》がそのまま芽を出してしまうと、冬の寒さで枯れてしまいます。

そのため、イヌタデ（P.174）やエノコログサ（P.165）、アカザ、ブタクサなどの種《たね》は、落ちただけの状態では発芽能力がなく、地中で冬を越してから芽を出すという仕組みを備えています。

種《たね》は地中でただ凍えているわけではなく、長い冬の間に寒さを受けることで、発芽の準備が進むという仕組みになっているので、むしろ寒さを必要としています。これで、たまたま暖かい日にうっかり芽を出すことなく、きちんと春を待ってから地上での活動を始めることができるのです。

ロゼットも地中で養分を蓄えて 誰よりも早く花を咲かせる

冬の間、葉を放射状に目いっぱい広げるロゼットは、太陽のエネルギーをしっかり受けて、せっせと根っこに養分を蓄えていきます。そのため、ロゼットの株の根っこの多くは、引き抜くのが大変なくらい太く長くなります。そして、春一番にこの養分を使い、一気に茎を伸ばして花を咲かせます。私たちが春先に目にする花の多くが、このスタイルです。

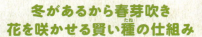

観察を楽しむための草花入門

草花の遊び方や花のつくり、種《たね》の散らし方など、観察するときに役に立つ草花の基礎知識を簡単におさらいしましょう。

草花で遊ぼう！

図鑑で紹介している草花を使って、楽器をつくったり、アクセサリーにしたり。
いつもの散歩道でワクワク、ドキドキの自然体験を！

カラスノエンドウでピーピー笛

▶P.42参照

サヤから種《たね》を取り出して笛にします。平たいものより、ぷっくりふくらんだサヤを選ぶと音が出やすいです。

タンポポの茎で笛

▶P.55〜参照

茎の部分を笛にして吹くと、ブーっと低い音がします。うまく鳴らないときは、折れている部分がないか確認し、長さを調節してみましょう。

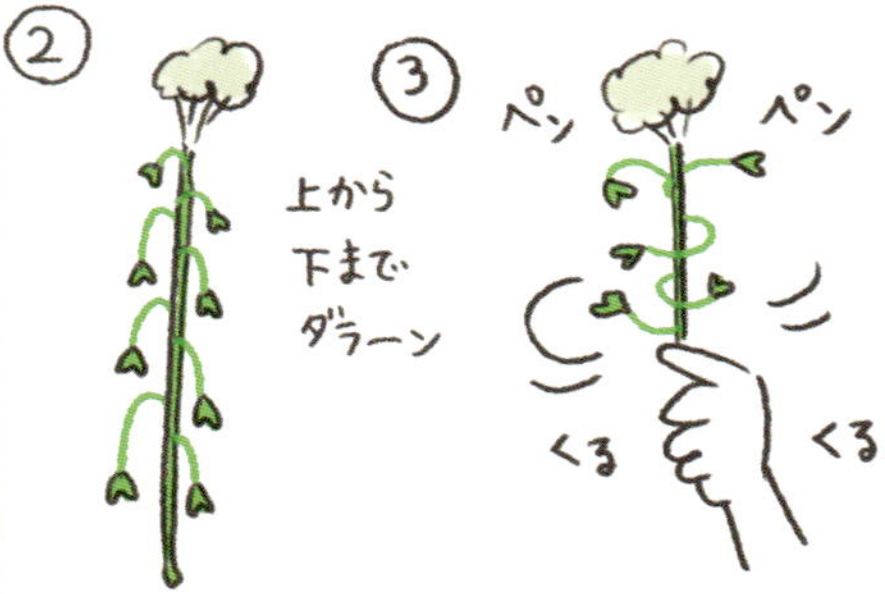

ナズナでマラカス

▶P.34参照

昔から親しまれている草遊びの代表。ハート型の実《み》を引っ張り、だらんとさせてから振ると、実《み》がぶつかってシャラシャラとかわいい音が鳴ります。

クズの葉てっぽう

▶P.126参照

手の輪の上に葉っぱをのせて反対の手のひらで叩くと、空気圧で葉が破れ、パーンと大きな音が鳴ります。柔らかくて大きな葉を選ぶと成功しやすいです。

オオバコ相撲 ▶P.100参照

2人1組で向かい合って遊ぶゲームです。互いの茎をクロスさせて引っ張りっこし、茎が切れたほうが負けです。茎の太さや質感も大事なので、茎選びから楽しみましょう。

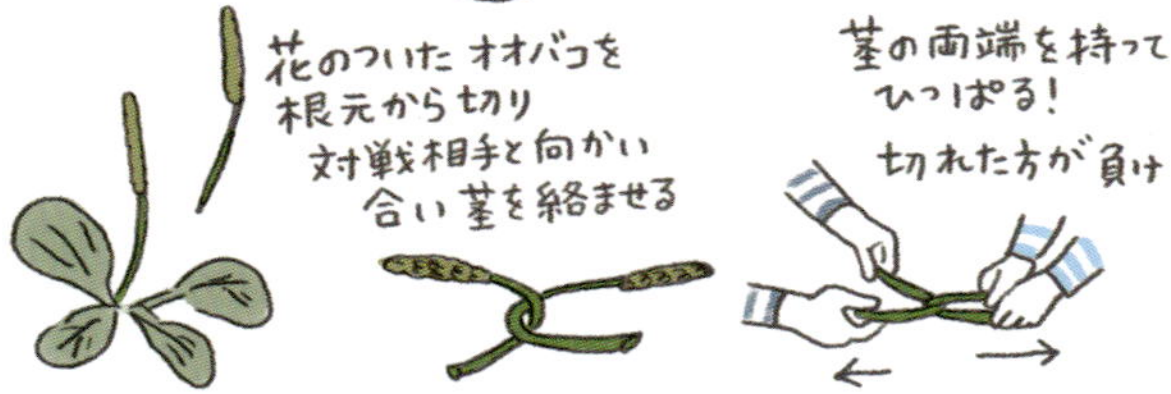

ひっつき虫
▶P.196他参照

花のあとにできる実《み》や種《たね》にトゲや毛が生えていて、洋服にくっつくのがひっつき虫。オオオナモミ(P.196)やアメリカセンダングサ(P.199)、アレチヌスビトハギ(P.183)、チカラシバ(P.211)などいろいろなタイプがあります。

エノコログサで猫ジャラシ
▶P.165参照

長い穂を1本すっと抜いて猫の目先でゆらゆら。穂のしなやかな動きに、猫が喜んでじゃれてきます。エノコログサの仲間、カモジグサ(P.110)、チカラシバ(P.211)など、穂の長いイネ科の仲間で遊べます。

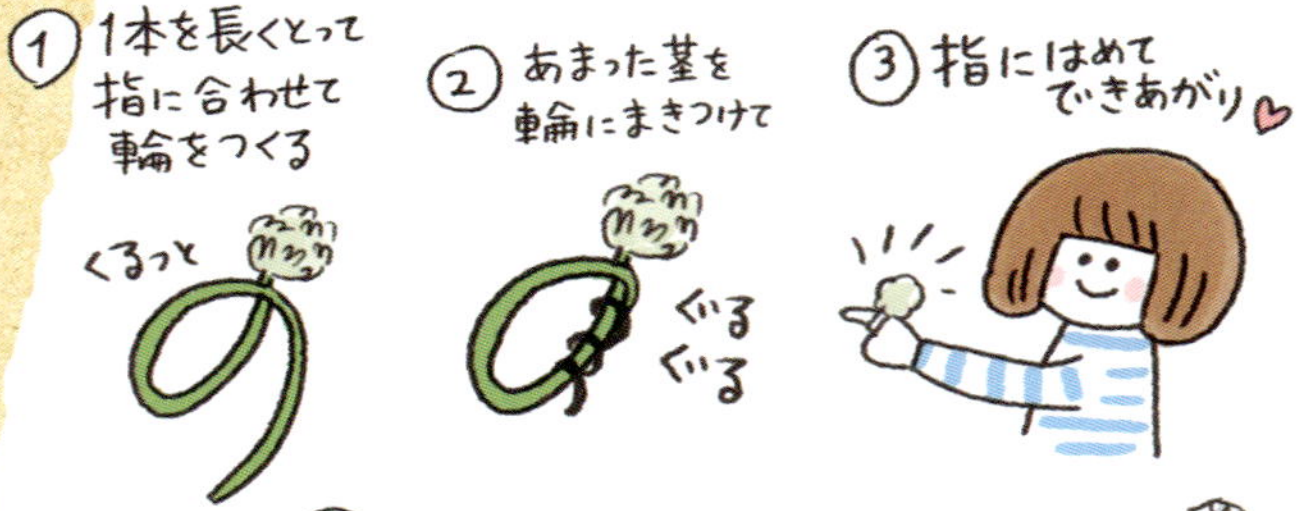
① 1本を長くとって
指に合わせて
輪をつくる
くるっと
② あまった茎を
輪にまきつけて
ぐる
ぐる
③ 指にはめて
できあがり♡

シロツメクサの花で指輪

▶P.90参照

コロンと丸い花の集まりが、宝石のように指をかわいく飾ります。四つ葉のクローバーやアカツメクサの花（P.91）でもお試しを。

タンポポで腕時計

▶P.55〜参照

タンポポを1本摘んで腕に巻きつけるだけ。花の部分を時計に見立てます。同じようにシロツメクサ（P.90）を巻けば、ブレスレットになります。

① 花のついたタンポポを1本
茎を長く切って
ピーッと
下から
タテ半分にさく
茎の
長いものは
さかずに
そのまま巻きつける
だけでOK!
② 腕に合わせて
輪をつくり結ぶ
キュッと
③ 腕にはめて
できあがり♡
ステキ
でしょ♡

草花の一生を観察してみよう!

人間と同じように、どんな草花にも誕生があり、終わりがあります。
草花にとって一番華やかな花の期間はごくわずかですが、
花以外の姿を含めて成長の過程を見守りましょう。

草花の一生

種《たね》から芽を出して成長し、花を咲かせ、種《たね》をつくって枯れるまでが草花の一生です。草花によって成長の仕方や花の咲き方、種《たね》の散布方法は異なるので、それぞれの姿を見守るのも観察の楽しみ方のひとつです。

種《たね》

こぼれた種《たね》が発芽のタイミングまで土中で過ごします。

芽が出る

種《たね》が水を得て湿気を含み、皮を破って小さな芽が出ます。

成長する

最初の葉が出て茎が伸び、本葉が現れてそれぞれの形にぐんぐん伸びます。

花が咲く

それぞれの形でつぼみができ、花を咲かせます。

実《み》になる

花が終わると実《み》になり、その中で種《たね》をつくります。

種《たね》を散布

それぞれの方法で種《たね》を落とします。

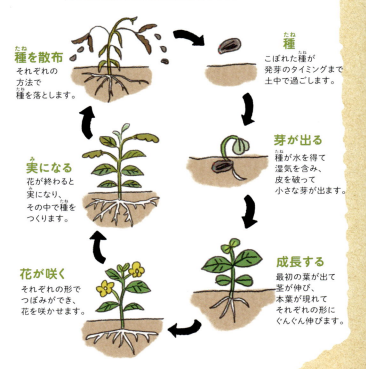

草花の暮らしぶりを知ろう！

1年中いろいろな場所で見かける草花にも、暮らし方のパターンがあります。春に芽を出すものと秋に芽を出すもの、また、1年で枯れてしまうものと2年、3年と生きるもの。冬を越すもの、越さないもの……。こうしてさまざまな草花が入れ替わり、散歩道を彩っているのです。

暮らし方は主に4つ

越年草《えつねんそう》

秋頃、種《たね》から芽を出し、冬を越してから茎や葉を伸ばして花を咲かせ、夏頃までに枯れる草花をいいます。冬越しの1年草ともいいます。ただし、これにも変化があります。

主な草花
ホトケノザ（P.49）、オオイヌノフグリ（P.51）、カラスノエンドウ（P.42）、ハコベ（P.21）、ハハコグサ（P.61）、ナズナ（P.34）など。

1年草

春頃、種《たね》から芽を出し、茎や葉を伸ばして花を咲かせ、また種《たね》をつくって、その年のうちに枯れてしまう草花をいいます。

主な草花
オオブタクサ（P.195）、シロザ（P.177）、カナムグラ（P.184）、メヒシバ（P.162）、イヌビエ（P.166）、カヤツリグサ（P.220）など。

多《た》年草《ねんそう》

芽を出してから何年も生きている草花をいいます。冬に茎が枯れても、地面の中の茎や根が生きていて、毎年伸びてくるものが多いです。

主な草花
セイヨウタンポポ（P.55）、ヨモギ（P.194）、ドクダミ（P.89）、イタドリ（P.173）、セイタカアワダチソウ（P.202）、クズ（P.126）、ヒガンバナ（P.208）など。

2年草

種《たね》が芽を出してから冬を越し、成長して枯れるまでが満1年以上におよぶ草花をいいます。足かけ3年以上にもなり、越年草よりも寿命が長いです。

主な草花
ヒメジョオン（P.102）、オオアレチノギク（P.154）、ウラジロチチコグサ（P.62）など。

いろいろある花のつくり

一見、花のつくりは似たように見えますが、よく観察してみると花びらがあったりなかったり、小さな花がたくさん集まっていたり、といろいろです。主な基本構造を覚えておくと、その違いがよくわかります。

花のつくりの基本形

多くの花は、ガク、花びら、雄しべ、雌しべとそろっています。その外側にあってつぼみを包んでいたものを苞《ほう》といいます。雄しべは花粉をつくり、雌しべは実《み》になって中に種《たね》をつくります。

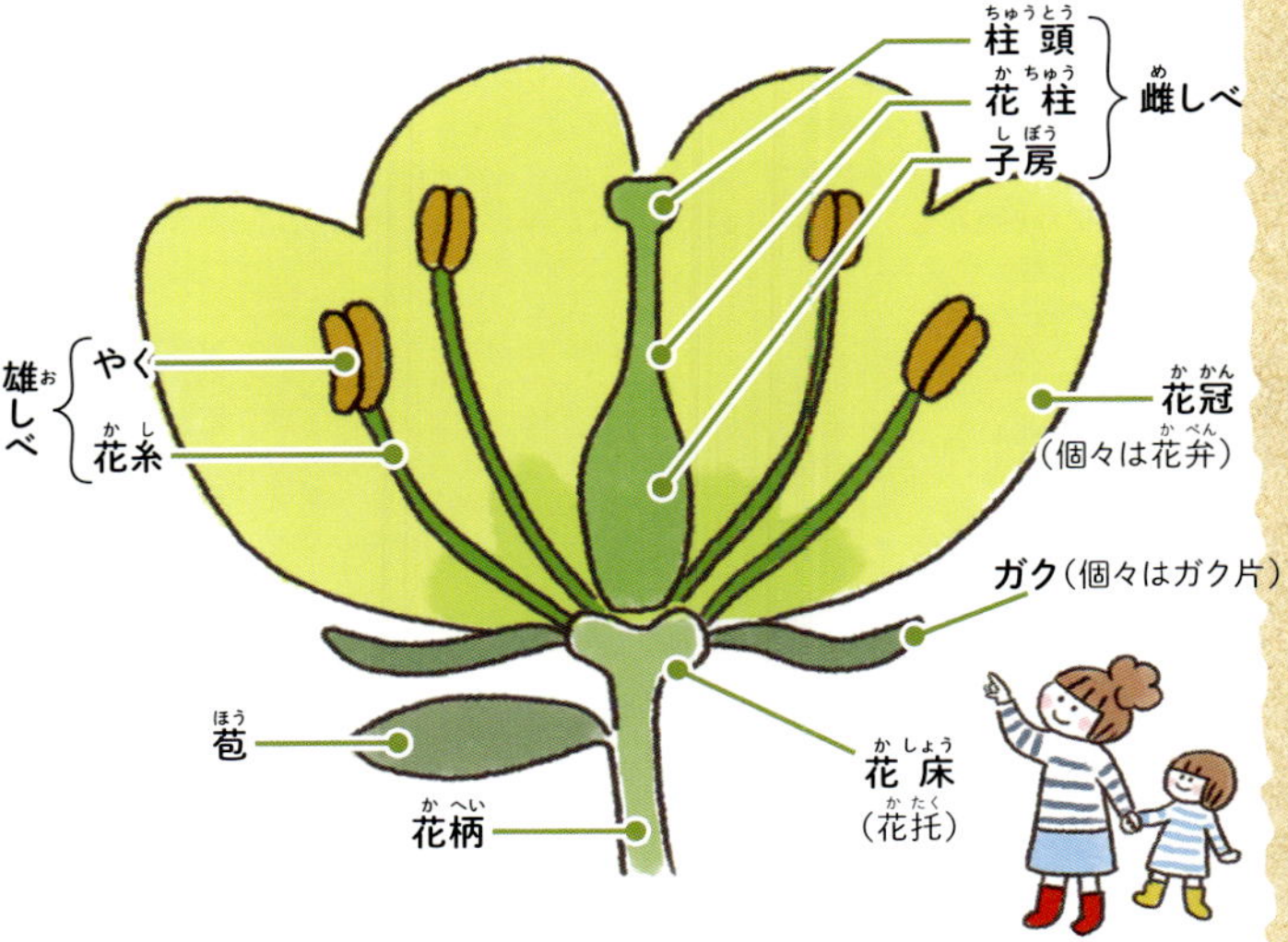

花のいろいろな形

花の形は花びらの枚数や形で大きく変わり、マメ科はチョウ形、アブラナ科は十字形など草花の種類によって異なります。代表的な形がこちらです。

十字形

ろうと形

1個の花に見えるのは、たくさんの小さい花の集まりです。これを頭花《とうか》といい、頭花をつくる小さい花には管状《かんじょう》花《か》と舌状《ぜつじょう》花《か》があります。タンポポ（P.55～）は舌状花だけの集まり、ノアザミ（P.103）は管状花だけの集まり、ヒメジョオン（P.102）は管状花と舌状花の集まりです。

キク科の花

タンポポの場合

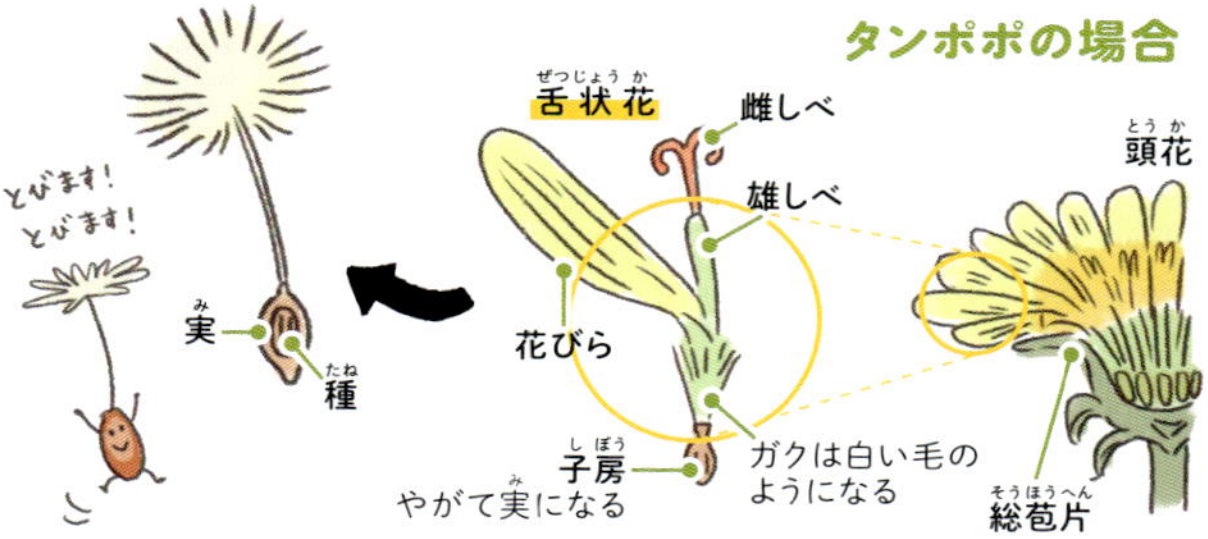

ヒメジョオンの場合

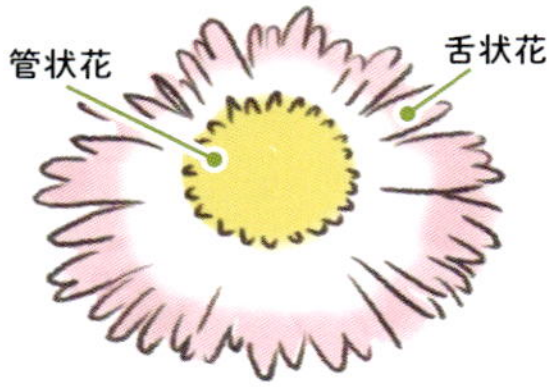

ノアザミの場合

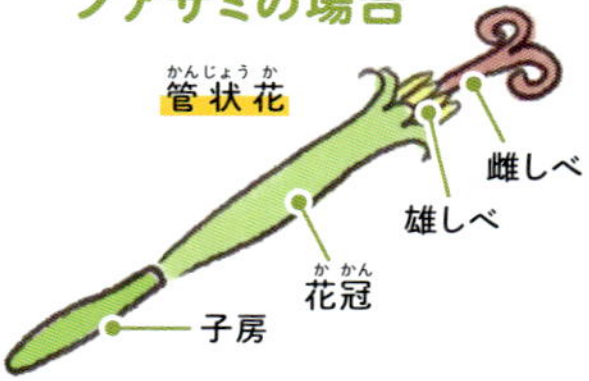

イネ科の花

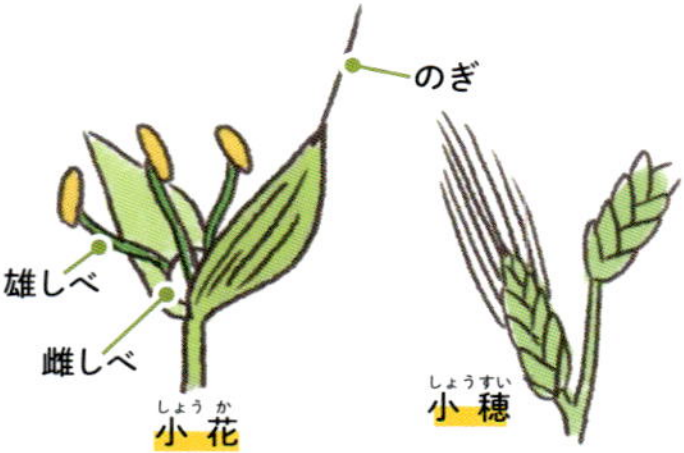

茎の上部に穂を出し、穂にはたいてい枝が出て、それに小穂がつきます。小穂には何個かの花（小花）がつきますが、ガクや花びらはなく、2枚のエイという葉に包まれていて、そこから雄しべと雌しべが現れます。

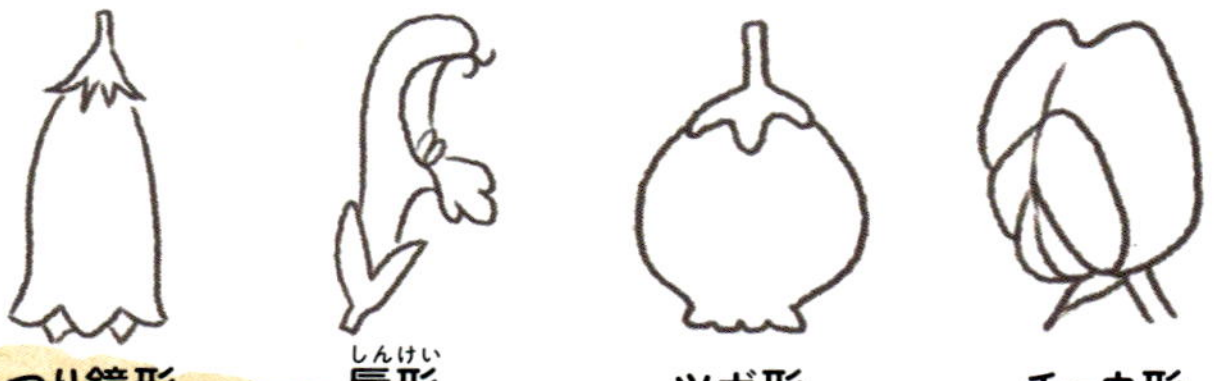

成長のカタチもいろいろ

草花はどのように茎を伸ばし、枝分かれして成長していくのでしょうか？
出合った草花の全形をよく観察してみると、いろいろな形があることがわかります。
これは育つ環境に適応するよう、草花が変化していったカタチで、その種類も
さまざまです。ここでは、散歩道で見つけやすい代表的な形を紹介します。

ロゼット型

葉が根ぎわから放射状に出て、そこから茎が上に伸びます。茎には葉がつきません。

種類例
セイヨウタンポポ（P.55）、オオバコ（P.100）、ヘラオオバコ（P.101）など。

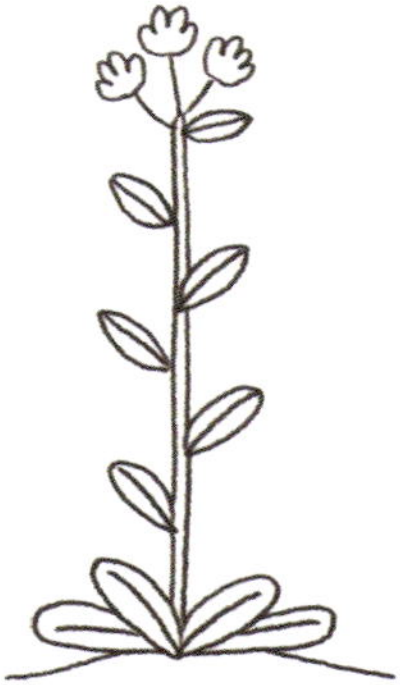

ロゼット＋分枝型

ロゼットで過ごしたのち、茎が枝分かれしながら伸びます。

種類例
キュウリグサ（P.53）、ハハコグサ（P.61）など。

ロゼット＋直立型

ロゼットで過ごしたのち、茎がすっと上に伸びて葉をつけます。

種類例
ハルジオン（P.60）、ヒメムカシヨモギ（P.155）、オニノゲシ（P.156）など。

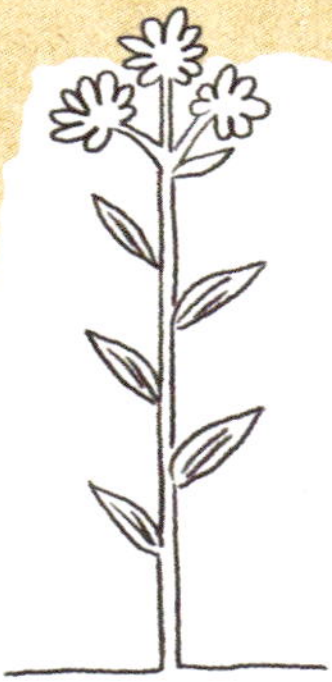

直立型

しっかりとした茎がすっと上に伸び、葉をつけます。

種類例
イノコズチ（P.122）、シロザ（P.177）、エノキグサ（P.185）など。

つる型

茎がつるになって巻きついたり、巻きひげで絡んだり、寄りかかったりしながら伸びます。

種類例
カラスノエンドウ（P.42）、ヒルガオ（P.96）、クズ（P.126）、ヤブガラシ（P.127）など。

分枝型

茎が下のほうからよく枝分かれして、上に広がるように伸びます。

種類例
ハコベ（P.21）、アカツメクサ（P.91）、スベリヒユ（P.120）など。

ほふく型

細長い茎が地面をはって伸び、茎の節から根を下ろします。

種類例
ヘビイチゴ（P.39）、シロツメクサ（P.90）、チドメグサ（P.137）など。

そう生型

根ぎわから細い葉や茎が群がって出ます。

種類例
ススキ（P.214）、スズメノカタビラ（P.72）、オヒシバ（P.161）など。

生き残るための種《たね》の散らし方

種《たね》をつくって増える植物は生育エリアを広げるために、
種《たね》を遠くに運ぶ仕かけを持っています。その仕かけは巧妙でとってもユニーク。
花のあとは、そんな草花の生き残り作戦を観察してみましょう。

風を使って

風の力を利用して、実《み》や種《たね》を遠くまで飛ばします。代表的なタンポポ(P.55〜)のほか、ススキ(P.214)の穂は秋の終わりになると白い綿毛で覆《おお》われ、風が吹くと綿毛がふわっと舞い上がります。また、風を受けやすい翼のある平たい実《み》をつくって飛ばされるものもあります。

タンポポは、軽くて小さい実《み》に綿毛をつけ、ふわふわと風にのって飛ばされていきます。

動物・昆虫を使って

洋服や動物の体にくっついて、遠くに運ばせるひっつき虫のほか、昆虫や動物に実《み》や種《たね》を食料として運ばせるもの、また実《み》を食べさせて種《たね》をフンとともに排出させるものがあります。

オオオナモミ(P.196)やチカラシバ(P.211)など、実《み》や種《たね》にトゲやネバネバした物質がついていて、くっつきやすくなっています。

ヨウシュヤマゴボウ(P.121)はおいしそうな実《み》をつけて鳥を誘います。この実《み》は毒があり鳥以外は食べられません。

ホトケノザ(P.49)やムラサキケマン(P.40)は、種《たね》にアリが大好きな物質をつけて誘い、巣まで運ばせます。

自分で弾けて

実《み》が十分に熟すとパチンと弾け、その勢いで種《たね》を飛ばします。手でそっと触ったり、風が当たって揺れたり、わずかな衝撃でパチンパチンと弾けますが、実《み》の割れ方、種《たね》の飛び出し方はさまざまです。

カタバミ(P.130)は細長い実《み》が熟すと、実《み》の割れ目から種《たね》が現れます。種《たね》を包む膜が弾けて勢いよく種《たね》を飛ばします。実《み》を軽く指でつまんでその様子を観察してみましょう。

ミチタネツケバナ(P.33)棒状の実《み》が濃い紫色に熟すと、サヤが裂けて外側にくるくると巻き上がり、種《たね》を遠くへ飛ばします。巻き上がるのは一瞬です。

ホウセンカ(P.192)は実《み》が黄色く熟すと、筋《すじ》が裂けて内側に巻き上がり、その巻く力で種《たね》を弾き出します。

自分で落ちて

実《み》や種《たね》の形に特別な仕かけがなく、そのまま周囲に落下します。遠くへ行くことはできませんが、同じ育ちやすい環境なので定着率は高くなります。

ツユクサ(P.209)は実《み》が熟すと2つに割れて、4個の種《たね》をポロっと落とします。

索引

※☑見つけた草花をチェックしましょう。

［監修］

NPO法人自然観察大学

岩瀬 徹　NPO法人自然観察大学名誉学長
村田威夫　NPO法人自然観察大学講師
飯島和子　NPO法人自然観察大学講師

■NPO法人自然観察大学について

“楽しみながら自然観察の視点を身につけよう”という目的のNPO法人。

（法で定められた大学ではありません）

2002年度から活動を開始し、2010年にNPO法人となる。

約10名の講師陣が、植物、野鳥、昆虫、クモ、アブラムシなどの各専門分野についての話題を提供し、自然を観察する視点の大切さ、面白さ、楽しさを伝える活動を行っている。年3回の定例野外観察会、年2回の室内講習会などを実施。


観察会や講習会にはどなたでも参加いただけます。

詳しくはホームページをご覧ください。

募集案内や観察会レポートなどの活動内容と講師陣を紹介しています。

自然観察大学ホームページ
https://sizenkansatu.org/

日本自然保護大賞 2022
入選

自然観察大学の活動は自然保護大賞2022に入選しました。

野外観察会では、講師と一緒に自然観察を楽しみます。

［主な参考文献］

『新版　形とくらしの雑草図鑑　見分ける、身近な300種』岩瀬徹・飯島和子著（全国農村教育協会）/『たのしい自然観察 雑草博士入門』岩瀬徹・川名興著（全国農村教育協会）/『野草・雑草観察図鑑―身近で見る430種のプロフィール』岩瀬 徹・鈴木康夫著（成美堂出版）/『色で見わけ五感で楽しむ野草図鑑』藤井伸二監修、高橋修著（ナツメ社）/『花と葉で見わける野草』近田文弘監修、亀田龍吉写真、有沢重雄文（小学館）/『改訂版　散歩で見かける草花・雑草図鑑』高橋冬解説、鈴木庸夫写真（創英社／三省堂書店）/『雑草のはなし―見つけ方、たのしみ方』田中修著（中央公論新社）/『子どもに教えてあげられる 散歩の草花図鑑』岩槻秀明著（大和書房）/『生きもの好きの自然ガイド このはNo.12 散歩で出会うみちくさ入門 道ばたの草花がわかる!』佐々木知幸著、このは編集部編集（文一総合出版）/自然観察大学ホームページ

［STAFF］

草花写真　　アルスフォト企画
イラスト　　あらいのりこ
デザイン　　東京100ミリバールスタジオ（松田 剛　伊藤駿英）
原稿執筆　　佐藤俊江　室田美々
編集協力　　岩越千帆
校正　　くすのき舎

子どもと一緒に見つける
草花さんぽ図鑑

監修者　NPO法人自然観察大学
発行者　永岡純一
発行所　株式会社永岡書店
〒176-8518　東京都練馬区豊玉上1-7-14
代表☎ 03（3992）5155　編集☎ 03（3992）7191
印刷・製本　大日本印刷

ISBN978-4-522-43702-5　C2045　⑧